面向战场抢修的
装备备件降级制造技术

贾长治 孙河洋 关贞珍 陈帅 等著

国防工业出版社
·北京·

内 容 简 介

现代战争的本质是装备和保障的较量。装备战损的不确定和不可预知性会导致备件种类不全、数量不足等问题，给装备保障带来了巨大的压力和困扰。本书从战时火炮备件应急制造的需求出发，以完善火炮典型备件的应急制造理论与应用基础、优化火炮备件应急制造力学性能及特征结构成型质量、提高应急制造速度为目标，在分析应急制造技术基本特性和工艺参数对成型质量影响的基础上，提出了火炮装备典型零部件的应急制造及降级度评估方法。基于降级度评估数据，对火炮装备典型零部件的应急制造工艺参数进行优化，从而找到综合权衡力学性能、成型质量、制造速度等目标的最优应急制造策略，为应急制造技术在战场抢修领域的应用提供了理论和数据支撑，也为战场抢修领域提供了一条新的方法和路径。

本书适合于相关科研院所、部队、院校等单位的科技人员学习参考。

图书在版编目（CIP）数据

面向战场抢修的装备备件降级制造技术 / 贾长治等著. —北京：国防工业出版社，2024.7. —ISBN 978-7-118-13154-3

Ⅰ. TJ05

中国国家版本馆 CIP 数据核字第 2024Q6U203 号

※

国防工业出版社出版发行

（北京市海淀区紫竹院南路23号　邮政编码100048）
北京虎彩文化传播有限公司印刷
新华书店经售

*

开本 880×1230　1/32　印张 6　字数 162 千字
2024 年 7 月第 1 版第 1 次印刷　印数 1—1000 册　定价 89.00 元

（本书如有印装错误，我社负责调换）

国防书店：(010)88540777　　发行邮购：(010)88540776
发行传真：(010)88540717　　发行业务：(010)88540762

前　言

近年来，金属增材制造技术在航空航天和军工制造等领域已取得广泛应用。该技术可实现三维模型到实体的直接转化，具有制造周期短、加工流程少、复杂结构成型能力强等优点。将金属增材制造技术应用到战时装备备件的应急制造领域，对战时急需的装备备件进行现场制造，可有效提高装备维修的精确性和及时性，对于提升装备备件供应保障能力和保障部队机动性具有现实意义。

美军已将金属增材制造技术引入备件的供应保障中，研制了移动远征实验室并将其应用于维修保障部队，该移动远征实验室可用于火炮、坦克、装甲车辆和航空等装备备件的应急制造。实验室主要由一个集装箱构成，包含了金属增材制造设备、铣削机、水刀、发电机和通信设备等，该集装箱可以通过运输车辆或直升机进行运送。战时维修保障人员根据所需备件的三维模型和性能要求选择不同的金属材料和制造工艺，从而实现装备备件的快速制造。采用快速制造的备件对受损装备进行应急抢修，可以及时有效地恢复受损装备的作战能力。美军已在阿富汗部署了该移动实验室，解决了由于装备损伤不确定性和不可预知性造成的备件数量不足与备件种类不齐全问题，提高了战时应急抢修的及时性、有效性以及维修保障部队的机动性。

目前，国内外研究机构正积极开展金属增材制造技术在武器装备研制和维修保障领域的应用研究，但国内有关采用金属增材制造技术进行装备备件快速制造的具体技术参数研究却鲜有报道。因此，将金属增材制造技术应用于我军战时装备备件的应急制造尚需进行大量的基础理论和工程应用研究，包括材料制备、工艺优化、设备研制和工程应用研究等。同时，由于武器装备种类较多，不同装备零部件的失效模式、使用性能和特征结构等方面存在较大差异。为了提高战时装备备件应急制造的及时性和可靠性，有必要对各类装备进行针对性研究。

经过多年的摸索与工程实践，在总结借鉴有关装备研究成果的基础上，我们编写了本书。本书共分为 7 章：第 1 章主要介绍本书的研究背景、意义和战场抢修、增材制造技术相关领域的发展概况，同时介绍了增材制造主要技术手段；第 2 章主要介绍战场损伤模式和典型的战场抢修方法；第 3 章主要介绍火炮零部件关键特性、典型零部件选区激光成型和激光立体成型的技术理论基础，并对火炮备件的增材成型材料进行研究；第 4 章主要介绍炮钢材料应急制造工艺参数对成型件力学性能影响规律分析方法，并对炮钢材料应急制造件力学性能优化方法进行研究；第 5 章介绍典型火炮装备零部件应急制造质量控制及优化方法；第 6 章介绍典型火炮装备零部件应急制造件降级度评估及优化；第 7 章为总结与展望。其中，第 1、3、4 章由贾长治撰写，第 2、7 章由陈帅撰写，第 5、6 章由孙河洋、关贞珍撰写。康海英、于永泽、马万里也参与了部分章节的撰写。

本书的出版得到了河北省重点研发计划项目（22351805D）、河北省科技创新项目（SJMYF2022X16）的支持。

本书在写作过程中得到了许多人的支持和帮助，在此深表谢意。

由于学识水平有限，书中难免有疏漏和不当之处，敬请读者批评指正。

作　者
2024 年 1 月 22 日

目 录

第1章 绪论 ·········· 1

1.1 本书的研究背景及意义 ·········· 1
1.2 战场抢修现状 ·········· 2
    1.2.1 装备备件供应保障模式 ·········· 2
    1.2.2 装备备件应急制造需求 ·········· 3
    1.2.3 装备备件应急制造方式 ·········· 4
    1.2.4 融合增材制造的备件应急制造方式 ·········· 5
1.3 增材制造技术研究现状 ·········· 7
    1.3.1 金属增材制造简介 ·········· 7
    1.3.2 金属增材制造分类 ·········· 7
    1.3.3 金属增材制造技术研究现状 ·········· 12
1.4 本书主要研究内容 ·········· 14
1.5 本章小结 ·········· 16

第2章 装备战场损伤模式及抢修方法 ·········· 17

2.1 引言 ·········· 17
2.2 装备战场抢修的定义 ·········· 17
2.3 装备战场损伤模式分析 ·········· 18
    2.3.1 战场抢修与平时维修的区别 ·········· 18
    2.3.2 战场抢修的特点 ·········· 18
2.4 火炮装备典型易损件损伤模式及影响分析 ·········· 19
    2.4.1 炮闩系统结构及功能 ·········· 19
    2.4.2 炮闩系统损伤模式分析 ·········· 19

2.5 战场典型抢修方法 ································· 20
   2.5.1 传统战场抢修方式 ························· 20
   2.5.2 面向增材制造的战场抢修方法 ············· 21
2.6 本章小结 ·· 22

第3章 火炮装备零部件应急制造应用技术 ············ 23

3.1 引言 ·· 23
3.2 火炮零部件关键特性分析 ························ 23
   3.2.1 火炮零部件的失效模式 ····················· 23
   3.2.2 火炮零部件的常用材料 ····················· 24
   3.2.3 火炮零部件的特征结构 ····················· 25
3.3 火炮备件的选区激光成型技术及方法 ············· 26
   3.3.1 SLM 技术的基本特性 ························ 26
   3.3.2 火炮备件的 SLM 成型可行性 ················ 32
   3.3.3 火炮备件的 SLM 设计与制造流程 ············ 35
   3.3.4 SLM 成型火炮备件的质量评价 ·············· 38
3.4 火炮备件的激光立体成型技术理论基础及方法 ···· 40
   3.4.1 激光立体成型打印工艺 ····················· 40
   3.4.2 激光立体成型打印组织 ····················· 41
   3.4.3 金属材料与激光相互作用 ··················· 41
   3.4.4 凝固理论基础 ······························ 45
   3.4.5 激光立体成型原理及设备 ··················· 48
   3.4.6 激光立体成型材料 ························· 53
3.5 火炮备件的增材成型材料 ························ 55
   3.5.1 火炮常用材料的力学性能 ··················· 55
   3.5.2 SLM 成型 17-4PH 钢的力学性能 ············· 59
   3.5.3 SLM 成型 18Ni300 钢的力学性能 ············ 64
   3.5.4 SLM 成型 4Cr5MoSiV1 钢的力学性能 ········ 68
   3.5.5 激光立体成型 1Cr12Ni3Mo2V 不锈钢力学性能 · 72
   3.5.6 陶瓷颗粒改性分析 ························· 76

  3.5.7 炮用材料与 SLM 成型材料的力学性能对比分析 ········ 87
 3.6 本章小结 ·· 88

第4章 炮钢材料应急制造工艺参数对成型件力学性能影响规律 ··· 90

 4.1 引言 ·· 90
 4.2 炮钢材料应急制造件成型组织与力学性能分析 ············ 91
 4.3 炮钢材料应急制造工艺参数对成型件力学性能影响规律分析 ·· 93
  4.3.1 工艺参数对致密度的影响规律 ····················· 93
  4.3.2 工艺参数对表面硬度的影响 ······················· 98
  4.3.3 工艺参数对抗拉强度的影响 ······················ 101
  4.3.4 工艺参数对断后伸长率的影响 ···················· 103
  4.3.5 耐磨性分析 ·· 104
  4.3.6 冲击性能分析 ····································· 106
  4.3.7 结果分析 ·· 107
 4.4 炮钢材料应急制造件力学性能优化方法 ················· 108
  4.4.1 成型高度对 4Cr5MoSiV1 钢力学性能的影响 ······ 108
  4.4.2 成型角度对 4Cr5MoSiV1 钢力学性能的影响 ······ 112
  4.4.3 激光重熔对 4Cr5MoSiV1 钢的力学性能的影响 ··· 118
  4.4.4 回火处理对 4Cr5MoSiV1 钢力学性能的影响 ······ 122
 4.5 本章小结 ·· 126

第5章 典型火炮装备零部件应急制造质量控制及优化 ········ 127

 5.1 引言 ·· 127
 5.2 支撑结构对成型质量的影响 ······························ 127
 5.3 悬垂平面结构支撑参数对成型质量的影响 ··············· 133
 5.4 悬垂曲面结构支撑参数对成型质量的影响 ··············· 136
 5.5 悬垂圆（方）孔结构支撑参数对成型质量的影响 ········ 140
 5.6 圆（方）柱结构支撑参数对成型质量的影响 ············ 146

5.7 尖角结构支撑参数对成型质量的影响 ················ 148
5.8 基于智能算法的成型质量控制及优化 ················ 151
5.9 本章小结 ·· 151

第 6 章 典型火炮装备零部件应急制造件降级度评估及优化 ··· 153

6.1 引言 ·· 153
6.2 应急制造降级度概念及模型 ····························· 153
6.3 典型火炮装备零部件的结构、性能及失效机理 ······ 154
6.4 典型火炮零部件降级度模型权重确定方法 ············ 169
6.5 基于智能算法的应急制造件降级度评估及优化 ······ 171
6.6 本章小结 ·· 173

第 7 章 总结与展望 ··· 174

7.1 总结 ·· 174
7.2 展望 ·· 176

参考文献 ·· 177

第1章
绪 论

1.1 本书的研究背景及意义

现代化局部战争具有战场位置转换快、作战空间范围大、武器装备损伤率高等特点，在高强度作战条件下装备零部件的损伤具有偶然性和突发性，并且装备零部件的损伤无法精确预测。战时武器装备快速维修保障能力直接关系武器装备的战斗力，甚至影响战局的成败。为提高损伤装备的战斗力恢复效率，装备备件供应保障模式应具备精确保障的能力，保证战时能够高效地恢复损伤装备的战斗力水平。目前，我军的装备备件保障体制和保障规模较为庞大，但传统的备件携行保障模式容易出现备件种类保障不齐全或备件数量保障不足的问题[1]。

针对战时装备零部件损伤的不确定性以及现有装备备件供应保障模式的不足，创新装备备件供应保障途径、完善装备备件供应保障模式，可进一步提高战时装备备件供应保障能力。近年来，金属增材制造技术在航空航天和军工制造等领域已取得广泛应用，该技术可实现三维模型到实体的直接转化，具有制造周期短、加工流程少、复杂结构成型能力强等优点[2]，将金属增材制造技术应用到战时装备备件的应急制造领域，对战时急需的装备备件进行现场制造，可有效提高装备维修的精确性和及时性，对于提升装备备件供应保障能力和保障部队机动性具有现实意义。

美军在战时装备备件应急制造领域的研究处于领先水平,已通过采用金属增材制造技术在阿富汗战场进行了装备备件的快速制造,并且采用快速制造备件维修的装备顺利完成了作战任务。目前,国内外研究机构正积极开展金属增材制造技术在武器装备研制和维修保障领域的应用研究,但有关采用金属增材制造技术进行装备备件快速制造的具体技术参数却鲜有报道[3]。因此,将金属增材制造技术应用于我军战时装备备件的应急制造尚需进行大量的基础理论和工程应用研究,包括材料制备、工艺优化、设备研制和工程应用研究等。同时,由于武器装备种类较多,不同装备零部件的失效模式、使用性能和特征结构等方面存在较大差异。为提高战时装备备件应急制造的及时性和可靠性,有必要对各类装备进行针对性研究。

基于上述研究背景,本书以火炮装备为研究对象,采用金属增材制造技术中的选区激光熔化(Selective Laser Melting,SLM)技术开展相关理论和应用基础中的关键问题研究,包括提出火炮备件的成型可行性判定方法、建立火炮备件的 SLM 设计与制造及质量评价方案、确定火炮备件的成型材料、优化火炮备件的力学性能和特征结构成型质量、开展典型火炮备件的 SLM 成型与质量评价等,从而确定 SLM 成型火炮备件的可行性,提高 SLM 成型火炮备件的力学性能、装配性能和使用性能等,为战时火炮备件的应急制造提供基础与依据。

1.2 战场抢修现状

1.2.1 装备备件供应保障模式

装备备件是战时装备器材中的重要物资,是战时维修保障系统的关键要素。装备备件包括储备后未使用的新件和修复后待使用的原件,主要用于更换出现故障的装备零部件[4-7]。为对相关概念进行有效区分,本书将未使用新件、修复后待使用原件和 SLM 成型件统称为"装备备件",将装配于装备上的原件称为"装备零部件"。

在平时使用过程中,装备零部件的可靠性和损耗性存在一定规律,发生偶然事件的概率较小,平时装备备件供应保障的需求相对平稳。同时,平时装备备件供应保障强调以统一计划、规范供应、保障流程的原则完成供应需求,其库存策略主要以费用为指标,即在能够满足一定保障需求的前提下,以费用最低为评价原则[8-12]。

与平时装备备件供应保障相比,决定战时装备备件供应保障需求的因素除装备零部件可靠性外,还与作战任务和作战环境等因素密切相关。战时装备的偶然故障、损耗故障和人为操作失误等具有不确定性,并且上述偶然和不确定因素均无法精确预测。因此,战时装备备件的消耗规律与平时装备备件的消耗规律存在明显差异。战时装备备件的供应保障以时效性和精确性为库存策略,将军事效益作为首要评价原则。目前,战时装备备件的供应保障模式基于传统分层式指挥与控制结构中线性供应链,主要通过在不同节点提前储备装备备件,并携行部分装备关重件的方式应对战时装备备件的需求,该供应保障体系相对较为庞大[13-16]。

1.2.2 装备备件应急制造需求

战时装备备件的供应保障能力关乎修理机构能否顺利执行维修保障任务,决定了装备战斗力恢复水平和效率,甚至影响战局的成败。修理保障机构主要包括基本保障所、机动保障所和伴随保障所。基本保障所主要是利用战备携行器材维修后送装备;机动保障所是根据阵地装备故障携带一定的器材到阵地维修;而伴随保障所主要伴随作战分队在装备出现故障后进行现场维修[17]。

战时装备应急抢修采取现场维修为主的原则,保证损伤装备能够在最短时间内恢复全部作战能力或完成应急战斗任务。目前,战时装备现场维修包括换件维修、原件修复和应急修理3种方法,其中应急修理包括重构、替代和临时配用等[18]。为使损伤装备快速恢复战斗力水平,战时优先采用换件维修的方法。采用换件维修的方法将大幅提高对装备备件供应保障体系的依赖程度,精确和高效的装备备件供应保障体系是保证装备具有良好和持续作战能力的重要因素。

现有的装备备件供应保障体系和规模虽然较为庞大，但精确保障能力有待完善。战时装备的损伤不可避免，并且装备损伤具有不确定性和不可预测性，装备备件消耗量大幅增加，并呈现复杂的规律和特点。现行装备备件供应保障体系容易出现装备备件种类不齐全和数量储备不充足的现象，从而无法及时提供战时急需的装备备件。通过后方基地进行急需备件的保障，存在供应时间较长等问题。因此，现行的装备备件供应保障体系在一定程度上制约了装备战斗力水平的发挥。

目前，战时装备备件供应保障的及时性和精确性已成为交战双方最为关注的问题之一。为解决信息化条件下战时装备备件难于精确保障的问题，有必要研究和探索装备备件供应保障新途径。针对战时装备备件供应保障存在的不足，通过采用现场应急制造装备备件的方式可有效解决现场维修过程中备件短缺的问题，从而提高损伤装备的战斗力恢复效率。

1.2.3 装备备件应急制造方式

目前，可用于装备备件应急制造的技术主要包括机械加工技术和金属增材制造技术。采用机械加工技术进行装备备件的应急制造存在加工流程多以及复杂结构加工能力差等问题，严重制约了损伤装备的战斗力恢复效率。

金属增材制造技术采用离散/堆积的原理，可直接成型具有复杂结构的火炮备件，该技术具有加工流程少、制造周期短和复杂结构成型能力强等优点。目前，国内外正积极开展金属增材制造的关键技术研究，加速推进该技术在武器装备研制和战时应急维修保障中的应用。通过采用金属增材制造技术进行战时装备备件的快速制造，可有效提高装备备件的供应保障能力和保障部队的机动性[18]。

美军已研制了多个可实现装备备件现场制造的移动远征实验室，并将其部署到了阿富汗战场，累计完成了数十万件备件和维修器材的快速制造任务。移动远征实验室主要由一个长约6m的集装箱改造而成，可以实现高分子材料和金属材料零部件的快速制造，跟随作战部队实时完成保障任务[19-20]。同时，我国研制的"战场环境3D打印维修保障系统"也具备高分子材料和金属材料的快速制造功能，可快速制造装备所需的密封圈、密封垫和金属零部件等，但目前有关该系统在战时装备零部件修复或备件快速制造方面的理论研究与工程应用还未有报道[21]。

1.2.4 融合增材制造的备件应急制造方式

虽然国内外研究机构正积极开展金属增材制造技术在战时装备维修保障方面的应用研究，但有关战时装备备件快速制造的具体技术参数却鲜有报道，包括金属增材制造技术种类、金属粉末材料、加工流程和使用性能等。由于武器装备种类较多，并且不同武器装备零部件的失效模式、材料性能、特征结构和工况条件等存在较大差异，为提高战时武器装备备件快速制造的及时性、准确性和可靠性，需根据不同武器装备的特有属性选取相应的技术种类、材料种类和制造流程等。同时，我国战时装备备件快速制造系统的研制、系统的不断优化以及快速制造装备备件的性能优化等还需大量基础理论和工程应用研究。

将3D打印技术引入到火炮备件应急制造上，首先要明确火炮备件的战场损伤形式，才能有针对性的选用不同的材料进行研究。对于战场损伤模式的研究，现在常用的方法是战场损伤模式分析[22]（Battlefield Damage Assessment and Repair，BDAR）。这种方法起源于以色列，并在中东战争中得到了较好的应用，美国在20世纪70年代开始对BDAR进行研究[23]，随后进行了系统的研究，编写了大量BDAR手册，包括导弹系统、飞机系统、坦克系统等。BDAR分析方法在海湾战争及伊拉克战争中进行了使用，对战斗力的恢复起到了重要作用。

我国对BDAR进行研究较晚，目前研究单位主要集中在部队和军事院校，取得了一定的成果。王润生等[24]对BDAR进行了系的研究，研究了战场损伤分析过程及存在的问题，提出了广义损伤树知识表示方法，并基于损伤树模型进行了战场损伤评估；董泽委等[25]构建了战场损伤装备抢修排序模型；王广彦建立了基于贝叶斯网络的损伤评估模型；王格芳提出了基于模糊综合评判的装备损伤等级评定方法；赵盼构建了战场损伤评估认知发展模型；徐豪华对装备战场损伤仿真系统进行了研究；刘博对潜艇战场损伤进行了建模和仿真；刘飞对雷达装备的战场损伤等级进行了评估；刘祥凯进行了装备战场损伤的模拟研究[26-27]。

通过对不同对象的 BDAR 研究，发现该分析有助于更好地了解装备损伤状态，对于如何进行修复和替换具有积极的意义。以火炮系统为对象进行 BDAR 分析，对将 3D 打印引入装备保障中具有重要作用。将 3D 打印技术引入战场抢修，可以成为现有装备保障体系的重要补充。3D 打印技术在战场抢修时的应用流程如图 1-1 所示。

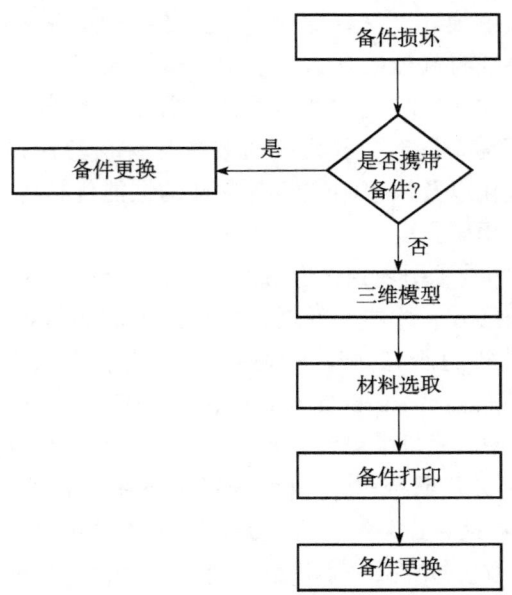

图 1-1　3D 打印技术在战场抢修的应用

1.3 增材制造技术研究现状

1.3.1 金属增材制造简介

增材制造（Additive Manufacturing，AM）技术也称为3D打印（3D Printing）技术、快速制造（Rapid Manufacturing，RM）技术和快速原型（Rapid Prototyping，RP）技术等，该技术根据使用材料种类可分为金属增材制造技术和非金属增材制造技术[28-30]。其中，金属增材制造技术一般采用高能激光束、电子束或电弧等作为热源，以三维数据模型和分层切片技术为基础，利用球形金属粉末或丝状金属等材料，通过分层叠加制造的方式完成金属零部件的快速制造。

金属增材制造技术主要包括激光立体成型（Laser Engineering Net Shaping，LENS）技术、电子束选区熔化（Selective Electron Beam Melting，SEBM）技术、电弧增材制造（Wire and Arc Additive Manufacturing，WAAM）技术和选区激光熔化（Selective Laser Melting，SLM）技术等。与传统减材和等材制造技术相比，金属增材制造技术具有制造周期短、加工流程少、材料利用率高以及复杂结构成型能力强等优势。同时，金属增材制造技术的熔化和凝固速率极高，其非平衡凝固过程可促进材料科学技术的发展、推动材料的高性能化进程。目前，金属增材制造技术在生物医学、航空航天和国防军事等领域均已取得广泛应用[31-32]。

1.3.2 金属增材制造分类

1.3.2.1 激光立体成型技术

激光立体成型（LENS）系统主要包括光路系统、送粉系统和数控系统3个部分，该系统采用CO_2激光器或YAG激光器作为热源，供粉方式主要为同轴送粉，成型材料主要包括钛基合金、高温镍基合金和铁基合金等预合金金属材料以及陶瓷颗粒增强金属基复合材料和功能梯度材料等混合金属材料[33-35]。

打印技术又名增材制造技术，与传统的减材制造技术不同，其基本原理是加工时材料逐步累加。基于基本原理，打印技术发展出很多不同的支系，衍生出几十种不同的打印技术，下面对主流的打印技术原理进行分析。LENS 技术采用离散/堆积的原理，其成型原理如图 1-2 所示。LENS 技术的具体成型过程是：首先，利用 SolidWorks、CAD 或 Pro-E 等三维制图软件设计零件的三维模型；其次，利用 Magics 等切片分层软件对零件的三维模型进行切片处理，生成一系列的二维截面；再次，利用路径规划软件处理各层二维截面，生成相应的扫描路径数据，并输出数控代码；最后，数控系统根据当前二维截面的数控代码控制激光束的运动路径，送粉系统实时地将一定量粉末材料置于激光束聚焦位置；在高能激光束的作用下，粉末材料快速熔化并凝固。LENS 技术的点-线-面-体成型过程均为冶金结合，保证了成型零件的力学性能。

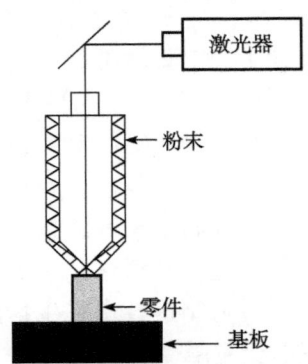

图 1-2　激光立体成型技术原理示意图

LENS 系统的激光器功率一般可达数千瓦，成型速率较高。该系统成型过程中将惰性气体通过送粉系统中的喷头进行供给，避免成型过程中的氧化反应，进而完成保护作用。因此，成型过程中系统无需密封，可直接成型大尺寸零件。同时，该系统采用同轴送粉方式，可根据需求改变零件任意部位的材料成分，实现功能梯度零件的直接成型。LENS 技术在航空航天领域取得了一定的应用成果，完成了部分大尺寸飞机结构件的制造。但 LENS 系统的激光器光斑直径较大,成型零件的尺寸精度较差。采用 LENS 技术成型的零件一般需后续机加工才能投入使用,但复杂结构零件的后续机加工难度较大。

1.3.2.2 电子束选区熔化技术

电子束选区熔化(SEBM)系统主要包括电子束扫描控制系统、铺粉系统和气氛保护系统等,该系统采用电子束作为热源,供粉方式为粉床铺粉,成型材料主要包括钛基合金、铝基合金、钴基合金和铁基合金等预合金金属材料[36-38]。

SEBM 技术成型原理如图 1-3 所示,该技术的具体成型过程是:首先,在完成零件三维模型的设计、切片处理和路径规划后,铺粉系统在成型基板上完成当前层的预置铺粉,电子束根据当前二维截面数据选择性熔化金属粉末材料;其次,成型基板下降一个层厚的高度,铺粉系统继续进行预置铺粉,电子束再根据该层二维截面数据进行选择性熔化金属粉末的任务,并使当前层与上一层实现良好的冶金结合;最后,经过上述过程的不断重复进行逐层叠加制造,并最终完成零件的成型。

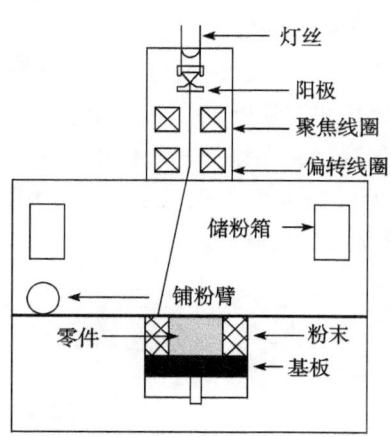

图 1-3 电子束选区熔化技术成型原理示意图

SEBM 技术采用的电子束热源在金属表面的反射率较低,并且电子束对金属粉末材料的作用深度较深,故其能量利用率较高。同时,SEBM 成型气氛为真空环境,成型前系统对基板和粉末进行预热,有效降低了成型过程中零件的应力水平和缺陷数量。

SEBM 成型过程中材料对电子束能量吸收率高以及零件应力水平低等特点使该技术适用于成型铝基合金等脆性材料以及钨基合金等高熔点材料，但 SEBM 成型过程为真空环境等技术要求使该设备的复杂程度、可实现难度以及维护要求大大提高，并且成型前基板和金属粉末材料经预热后温度较高，零件成型后 SEBM 设备需较长时间冷却至室温，增加了制造时间。

1.3.2.3 电弧增材制造技术

电弧增材制造（WAAM）技术是增材制造技术和焊接技术相结合的产物，该技术采用钨极氩弧焊或等离子弧焊等产生的电弧作为热源，利用丝状金属材料通过逐层堆焊的方式完成零件的快速制造。目前，WAAM 材料主要包括钛基合金、镍基合金、铜基合金和铝基合金等丝状材料[39-41]。同时，M. Yan 等[42] 研发了双送丝系统，可利用两种金属丝状材料生成金属间化合物。

WAAM 系统主要包括焊接电源、焊机、送丝机构、运动执行机构和数控机床等，该技术的原理如图 1-4 所示。WAAM 技术的成型过程是：首先，在完成零件三维模型的设计、切片处理和路径规划后，焊枪将丝状金属材料熔化并按照当前层的二维截面数据进行运动；其次，焊枪上升一个层厚的高度，继续下一层面的制造，并使当前层与上一层实现良好的冶金结合；最后，经过上述过程的不断重复从而进行逐层叠加制造，并最终完成零件的制造。

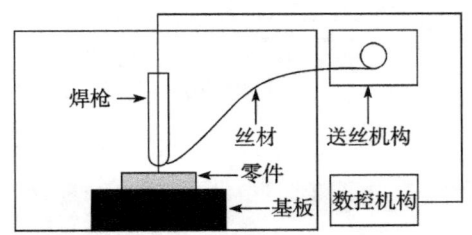

图 1-4 电弧增材制造技术原理示意图

WAAM 设备简单、制造成本低，热源电弧在金属表面的反射率极低,可加工铜基合金和铝基合金等金属材料。同时,WAAM 技术生产效率高,适合大型结构件的制造。但 WAAM 零件的尺寸精度较低,零件一般需后续机加工才可投入使用,但复杂结构零件的后续机加工难度较大。

1.3.2.4 选区激光熔化技术

选区激光熔化(SLM)系统主要包括激光器及光路系统、铺粉系统、数控系统和气体循环系统等,该技术采用高能激光束作为热源,供粉方式为粉床铺粉,成型材料主要包括铁基合金、镍基合金和钛基合金等预合金金属材料以及陶瓷颗粒增强金属基复合材料和功能梯度材料等混合金属材料[42-45]。

SLM 技术的原理如图 1-5 所示,具体成型过程是:首先,完成零件三维模型设计、切片处理和路径规划;其次,成型缸向下移动一个层厚的高度,粉料缸根据供粉量向上移动相应的高度,铺粉臂将粉料缸内的金属粉末平铺于成型缸基板表面;再次,数控系统再根据当前二维截面数据控制激光束选择性熔化金属粉末材料;最后,经过上述循环往复过程实现叠加制造,并最终完成零件的成型。

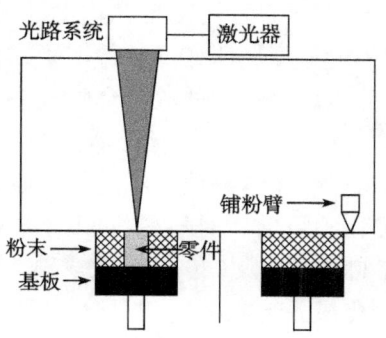

图 1-5 选区激光熔化技术原理示意图

SLM 技术具有成型零件致密度高、力学性能优良和复杂结构成型能力强等优点,并且成型零件的尺寸精度较高,仅需简单后处理即可进行装配使用。目前,国内外研究机构对 SLM 成型设备进行了改进与优化,通过增大激光器功率、研究多激光束分区扫描策略、研制双粉料缸供粉机构、开发预置铺粉程序以及研发增/减材复合加工技术等大大提高了 SLM 成型效率。同时，SLM 成型设备的成型尺寸不断增大，现有设备的最大成型尺寸可达 400mm×400mm×400mm（长×宽×高），满足大部分火炮备件的成型需求。

1.3.3　金属增材制造技术研究现状

1.3.3.1　熔融沉积成型技术

熔融沉积成型技术区别于其他 3D 打印技术的特点是加工材料是丝材。熔融沉积成型的主要组成部分是高温挤出头，在加工之前，金属材质的挤出头温度逐渐升高，将固态的丝材进行熔化，然后由挤出头输送到工作台，通过控制挤出头的运动来实现样品的成型，当挤出头离开时，液态丝材凝固，实现材料的累加。

徐巍等[46]对熔融沉积技术的加工工艺精度进行了研究，并提出了对策；伍咏晖[47]自主开发了熔融沉积系统；纪良波等[48]研发了熔融沉积成型的软件系统；刘斌等[49]对该技术的喷头进行了系统的分析，并提出了优化方案，还对水溶性支撑材料进行了研究；邹国林等[50]对该技术的加工工艺参数进行了优化；王天明等[51]对成型过程中的原型翘曲变形进行了研究，并提出了优化措施；穆存远等[52]分析熔融沉积的成型台阶误差，并通过调整工艺的方式降低了误差；顾永华等[53]对熔体的挤出速度进行了控制；桑鹏飞等[54]对加工过程中的翘曲变形进行了研究，通过改变加工速度对其进行了优化。目前，对熔融沉积技术的研究较全面，从成型工艺到精度控制都有涉及，该技术较成熟。

1.3.3.2　光固化成型技术

光固化成型技术[55-58]区别于其他 3D 打印技术的特点是紫外线光源和感光材料。加工时，光敏材料呈液态置于工作舱内，当紫外线光源照射到光敏材料时，光敏材料会由液态变成固态；随着光源的移动，会在路径上形成固体，加工完成后，工作舱上升，液体材料漫过已成型位置，光源继续照射，重复上述过程，完成加工。路平等[59]对光固化成型技术的精度进行了系统的研究；赵万华等[60]

对光固化成型中变形进行了分析，并提出了改进措施；洪军等[61] 对成型过程中的件制作方向进行了多目标优化；武殿梁等[62] 对加工过程中的部件变形进行了数值模拟，并进行了实验验证，模拟效果较好；段玉岗等[63] 分析光敏材料的光特性对成型的影响；张宇红等[64] 对大型零件的光固化成型进行了研究，光固化成型技术对材料的要求较高，同时对环境要求较高，需要保持稳定的温度，限制了该技术的应用。

1.3.3.3　选择性激光烧结

选择性激光烧结技术区别于其他 3D 打印技术的特点[65-72] 是该技术的设备有两个粉筒：一个是储粉筒；另一个是工作粉筒。在进行加工时，工作粉筒下降，储粉筒上升，铺粉刷将储粉筒溢出的粉末铺到工作粉筒，然后激光对工作粉筒的粉末进行照射，一般该技术的粉末是非金属，在大功率激光能量的照射下，材料会发生熔化和团聚，加工完成后，重复上述动作，完成样品加工。这种技术出现较早，后来在该技术的基础上进一步发展，材料扩展成金属粉末加黏合剂，可以实现较好的成型，该技术进一步发展，成为现在的选择性激光熔化技术，这种技术可以直接加工金属材料，是目前主流的金属 3D 打印技术。

史玉升等[73] 对选择性激光烧结的扫描方式进行研究，发现不同的扫描方式对成型的量有很大影响；胥橙庭等[74] 分析了该技术的温度场研究进展；程艳阶等[75] 研究了该技术的复合扫描路径，能得到比单扫描路径更好的件；邓琦林等[76] 研究了成型的后处理，对材料的性能进行了改进；王荣吉等[77] 研究了该技术的件密度模型，并成功进行了预测；傅蔡安等[78] 研究了成型的翘曲变形，并通过改变扫描方式进行了优化；徐林等[79] 研究了铝/尼龙复合材料的成型；李湘生等[80] 构建了扫描激光能大小和分布的模型；李广慧等[81] 研究了烧结层厚的选取。由有关文献可知，该技术的研究更全面、更深入，从工艺到性能都有涉及。该技术研究较成熟，因此在该技术的基础上研发出了选区激光熔化技术。

以上打印技术比较典型，成型机理各有独特之处，这种技术研究较成熟，达到了一定的高度，研究主要集中在不同的工艺参数对基本成型情况的影响,以成型的精度作为评价指标。然而对于性能研究较少,主要由于这种技术的打印材料都为非金属,可用于制作模型等,不适合打印承重件。下面对主流的金属3D打印技术进行分析。

1.3.3.4 选区激光熔化技术

选区激光熔化技术是在选择性激光烧结技术的基础上发展而来,最初的选择性激光烧结技术需要添加黏合剂来进行金属粉末的加工[82-87],其材料学原理是对非金属或者黏合剂产生作用,没有在金属粉末的分子结构方面进行调整。随着打印技术的不断发展,选区激光熔化技术可以直接作用在金属粉末上,通过对金属粉快速熔化和熔池的定向凝固作用,使金属材料加成型该技术的设备与选择性激光烧结技术的设备基本一致[88-94],同样是标志性的铺粉设备,光斑大小和工作筒的控制精度共同影响成品的质量。

1.3.3.5 激光立体成型技术

激光立体成型技术是一种可加工高致密度金属零件的增材制造技术,与选区激光熔化技术的主要区别是采用了同轴送粉的方式,选区激光熔化技术是"铺粉—激光作用—再铺粉—激光作用"的循环加工方式,而激光立体成型技术省略了铺粉的过程,送粉与加工同时进行,这种加工方式可以尽最大可能地节省加工时间[95-99],激光头与送粉喷嘴同步运动,喷嘴向工作台输送粉末。同时,激光对工作区的粉末输送能量,将粉末进行熔化;随着激光离开,熔池向前移动,远离熔池的位置开始凝固,在激光运动的路径上形成打印熔道;随着激光头的移动,完成平面的打印,此时激光头向上移动,在已成型熔道上继续加工下层,之后重复该过程,完成最后的加工。

1.4 本书主要研究内容

本书从火炮备件应急制造的需求出发,提出火炮备件的SLM成型可行性判定方法、SLM设计与制造及质量评价方法。以优化SLM成型火炮备件的力学性能与特征结构成型质量为目标,在研究SLM

成型4Cr5MoSiV1钢组织演变机理、缺陷形成机理、力学性能变化规律及相关机理的基础上，确定成型高度、成型角度、激光重熔和回火处理的最优工艺，优化力学性能。通过优化典型特征结构的成型质量，确定特征结构的成型极限尺寸和尺寸精度，提出SLM成型典型特征结构的设计规则，从而为SLM技术在火炮备件应急制造领域的应用提供基础与依据。本书的主要研究内容如下：

（1）火炮备件的SLM成型理论与应用基础研究。以SLM成型火炮备件的应用需求为导向，对火炮零部件关键特性和SLM技术基本特性进行分析，提出火炮备件的SLM成型可行性判定方法、SLM设计与制造及质量评价方法。通过对比分析火炮常用材料和高性能SLM成型铁基材料（17-4PH钢、18Ni300钢和4Cr5MoSiV1钢）的力学性能，确定适合火炮备件的SLM成型材料。

（2）4Cr5MoSiV1钢的组织与力学性能分析。采用Box-Behnken响应曲面法优化SLM成型4Cr5MoSiV1钢的工艺参数，分析SLM成型4Cr5MoSiV1钢的组织特征、显微硬度、拉伸性能、摩擦磨损性能和冲击韧性，确定4Cr5MoSiV1钢的力学性能变化规律，研究SLM成型4Cr5MoSiV1钢的组织演变机理和缺陷形成机理，阐释显微组织和缺陷等因素对SLM成型4Cr5MoSiV1钢力学性能的影响机制。

（3）4Cr5MoSiV1钢的力学性能优化研究。通过调整成型高度、成型角度、激光重熔和回火处理工艺，优化SLM成型4Cr5MoSiV1钢的力学性能。研究不同优化方法下4Cr5MoSiV1钢的显微组织特征和演变机理，确定不同优化方法下4Cr5MoSiV1钢的力学性能变化规律和相关机理。

（4）典型特征结构的成型质量与优化研究。提取火炮零部件中的典型特征结构，分析SLM成型方向和激光扫描策略等因素对典型特征结构成型质量的影响规律，研究典型特征结构的形貌特征和形成机制，确定典型特征结构成型质量优化方法。基于典型特征结构的成型极限尺寸和尺寸精度，提出SLM成型典型特征结构的设计规则。

（5）典型火炮备件的SLM成型与质量评价。分析典型火炮备件的结构、性能和失效机理等，确定火炮备件的成型可行性。对火炮备件的数据进行优化处理，提高火炮备件的力学性能和特征结构的成型质量，并对 SLM 成型火炮备件的力学性能、装配性能和使用性能进行验证。

1.5 本章小结

以上内容对 3D 打印技术有了明确的介绍，分析了 3D 打印技术的研究方向和研究重点。撰写本书的目的是将合适的 3D 打印技术引入火炮系统的备件应急制造上，而目前研究较多的是航空航天领域的钛合金和铝合金等，钛合金的成本太高，不适合在火炮系统上进行备件的打印，铝合金强度过低，也不适合打印火炮系统的备件，因此有必要针对新材料进行研究，结合战场抢修特点，基于火炮零件的损伤模式，进行相关材料的研究和优化。

第2章
装备战场损伤模式及抢修方法

2.1 引言

火炮系统是重要的战斗单元,其系统具有复杂性,零件具有多样性,在战场上因随机因素或人为因素等会发生不同损伤,及时的备件替换对战斗力的恢复具有重要的作用。3D打印作为一种新的快速备件制造技术,对提高装备保障能力意义重大。

采用打印技术对零件进行修复,需了解零件的损伤情况,在战场上,备件的制造有其独特的特点,有必要结合战场特点,对零件的战场损伤模式进行分析,进而有针对性地对备件进行制造。

2.2 装备战场抢修的定义

我军的器材供应主要采用的是仓库配送,备件在加工厂制造完成后,会根据备件种类和功能运送到不同的仓库,若某个单位对装备器材有需求,会由仓库向该单位进行发放。

在战场上,器材的供应主要有两种方式:第一种方式是提前配送,由部队直接携带,这种方式的优点是能快速地对损伤零件进行替换,但这种方式对备件的携带种类和数量有较大的限制,如火炮系统中零件数量庞大,对备件种类和数量的选取有较大困难,无法应对战场上出现的突发性偶然新生损伤；第二种方式是由后方进行配送，这种方式可以较大程度弥补器材携带不足的问题，但是从后方运送花费的时间较长，无法应对战场上瞬息万变的形势。3D打印技术为备件的快速制造提供了新的思路，在战场直接对损伤件进行打印。对3D打印技术进行深入研究，可以成为现有保障体系的有力补充。

2.3 装备战场损伤模式分析

2.3.1 战场抢修与平时维修的区别

战场上的情况复杂多变，具有很大的偶然性和随机性，而火炮系统结构复杂、零件数量庞大，有必要对战场备件的制造特点进行分析，明确战场损伤方式和机理，进而有针对性地对火炮系统的损伤进行分类，分别提出备件制造建议，对装备战场抢修与平时维修进行比较。

2.3.2 战场抢修的特点

装备战场抢修具有以下主要特点。

（1）时间因素比重大。在战场上，形势瞬息万变，对战场情况越快的反应能够更好地制定应对策略，对备件的制造时间越短，越能提供战斗力的持续。美军曾在报告中规定了不同级别的抢修时间，连级维修时间为2h，营级维修时间为5h，团级维修时间为5h。

（2）损伤不确定。战场上情况与平时不同，人为失误比平时训练中的比例高出很多，不仅出现平时的损伤，还会出现新的损伤破坏，针对平时损伤的制度或方法无法适合偶然因素出现破坏，新的保障方法对偶然损伤至关重要。

（3）修理方法多样。平时的维修任务有严格的限制，在战场上，能够恢复战斗力，可采用多种多样的方法，如火炮零部件出现问题，而未携带相关备件，可选用适当方法对损坏件进行修理，或者直接采用3D打印技术进行快速的备件制造。

2.4 火炮装备典型易损件损伤模式及影响分析

2.4.1 炮闩系统结构及功能

火炮是一种口径在 20mm 以上、以发射药为能源发射弹丸的身管射击武器。火炮以其在战场上的重要作用，被称为战争之神。火炮不仅局限于常见的牵引炮、车载炮，还包括飞机上的航炮，船艇上的舰炮等，能够在海、陆、空各个层面形成强有力的战斗力。

火炮本身结构复杂，零件数量庞大，由多个系统组成，本书从中选取典型系统作为研究对象。炮闩是其中火力系统的重要组成部分，可以完成击发、抽筒等动作，该系统损伤概率较大，并且零件的损伤多种多样，具有代表性。

炮闩主要由开关闩机构、抽筒机构、击发复拨机构、挡弹机构、保险机构等组成。

2.4.2 炮闩系统损伤模式分析

在明确了炮闩系统结构和功能的基础上，对炮闩系统的损伤模式进行分析，主要分析零件的损伤模式、对系统影响和严酷度。零件的失效会导致影响发射甚至发生事故，主要出现了不能关闩、自动关闩、不能击发、自动击发等问题，有必要对零件进行及时更换。炮闩零件出现的故障以磨损失效和断裂失效为主。磨损损伤失效的零件超过半数，主要包括拨动子、闩体镜面、抽筒子内耳轴、抽筒子外耳轴、关闭杠杆滑轮轴、击发机零件、发射机零件、保险器杠杆、曲臂滑轮、拨动轴支臂等；断裂失效的零件主要包括抽筒子爪、击针尖、保险器杠杆轴等。从部队调研查阅的故障统计数据也显示这两种损伤是出现频率最高的故障模式。

炮闩上的不同零件大多选用不同材料制造，如 PCrMo、PCINi-Mo、40Cr、35Cr、40钢、30CrMnSiA 等，若针对每个零件准备一种

3D打印粉末，会增加携带负担，与战场抢修的初衷违背。因此，将炮闩零件按失效模式进行分类，针对每类零件研究一种材料，既能减少携带打印材料的种类，又能满足使用要求。

2.5 战场典型抢修方法

2.5.1 传统战场抢修方式

现代战争中，装备的毁伤能力提高迅速，同时装备的结构更为复杂，装备零件的数量更为庞大，在瞬息万变的战场上，装备出现故障的概率大为提升，某些细小零件的失效可能会导致整个装备系统的瘫痪。此时，装备保障能力显得尤为重要，及时的备件供应能够使装备系统快速地再次投入战场，实现战斗力的恢复。

装备备件从厂家生产之后，主要是通过两种方式对战场进行保障：一种是随身携带；另一种是由后方基地运送。这两种方式起到互补的作用，共同为装备保障体系发挥重要作用。随着现代战争的战斗节奏越来越快，对新的备件保障方式的需求越来越迫切。

高新技术的发展日新月异，为新的装备备件保障方式提供了有利条件。3D打印技术是一种快速的加工制造技术，该技术是一种增材制造技术，以其加工周期短、材料无浪费、可制造复杂构件的优点为战场抢修提供了新的思路。

3D打印技术通过材料叠加的方式进行加工，主要加工过程是激光光源对工作区材料进行快速熔化，形成熔池，光源离开后熔池发生定向凝固。使用3D打印技术进行装备备件打印，需要建立装备备件的三维数据模型，配置3D打印机及充足的打印材料即可，避免了携带大量的实体备件。在战场上，一旦出现损伤零件，维修人员可以从零件三维模型数据库中调出相应零件模型，使用3D打印机对零件进行快速加工，及时打印出所需零件，并快速装配到位，完成战场抢修任务。

2.5.2 面向增材制造的战场抢修方法

3D打印技术是一种增材制造技术,采用逐层打印、层层叠加的方法进行零件加工。理论上,只要建立三维立体模型,就可以制造出零件;实际上,由于加工原理层层叠加的限制,致使有些结构无法进行打印或打印成型的效果较差,这些零件不适合用3D打印进行加工,有必要建立3D打印的适合度模型,对给定零件是否适合打印给出合理判定。

1) 打印适合度评估指标体系的建立

评估的基础是建立合适的指标体系,适当的指标能更好地解决问题。建立科学的指标体系,首先应当明确评估的目的,针对要解决的问题,分析主要影响因素,去除干扰指标。

3D打印适合度评估,主要是实现给定零件采用3D打印技术进行打印适合程度的定量计算,对于给定的零件,可快速确定打印适合度等级,对于适合打印的零件,可直接进行制造加工,对于不适合3D打印的零件,可以通过更换材料或研发新材料来提高该零件的打印适合度,3D打印适合度评估对于备件快速制造具有重要意义。

2) 不同损伤模式的指标处理

由2.4节分析可知,炮闩零件主要的损伤模式为磨损和断裂,当分析磨损失效的零件时,性能适合度中耐磨性的比重应较大,在分析断裂失效的零件时,韧性的比重应较大。针对这两类不同的失效零件,在性能适合度评估时采用两套权重,每套权重对应一类失效零件。可将该模式称为$4+X$,X为失效的主性能,4为性能适合度中的其他4种性能,这样既突出了主性能的重要性,又兼顾了其他基本性能。

$4+X$模式突出了主性能的影响,但是在现实中会出现主性能较好,4个基本性能中会出现某个或某几个性能与原件偏差较大的情况,此时该性能成为了影响综合性能的短板性能。若采用常权,因短板性能的权重较小,最终的评估结果会中和该性能的偏差,使评估结果偏向较好,但实际工作中这种情况应认定为不合适。针对这种情况，当某个非主性能发生较大偏差时，应提高该性能的权重，放大偏差情况，本章选用动态赋权的方法来解决这个问题。

3）常权赋权方法分析

权重是赋予指标的一个表征其重要程度的概念，权重大说明该指标相对于其他指标更为重要，一般将权重的确定方法分为两类，分别是主观赋权方法和客观赋权方法。主观赋权方法主要包括层次分析法、专家评估法等，这类方法的特点是带有较重的主观色彩，就专家评估法而言，专家的权威程度对评估结果影响很大。客观赋权方法主要包括主成分分析法、灰色关联法等，这类方法主要是对数据进行分析，具有客观性，但是这种方法过度依赖样本的准确性，若样本不好，分析的结果会出现很大偏差。以上的方法均为常权赋权方法，权重都是常数，无法有效解决个别非主要因素偏差较大而被中和的问题。

2.6　本章小结

本章首先对装备战场抢修的特点进行了分析，明确了战场抢修的时效性及灵活性，进而结合炮闩系统，对炮闩的主要零件进行了损伤模式及影响分析，确定该系统主要损伤行为及机理，为3D打印适合度模型的建立提供了依据。

第3章
火炮装备零部件应急制造应用技术

3.1 引 言

采用增材制造技术进行火炮备件的快速制造需要以应用需求为导向,针对性地开展相关基础理论与应用研究。因此,本章首先通过分析火炮零部件的失效模式、材料性能和特征结构等特性,确定主要研究对象。然后研究增材制造成型火炮备件的结构约束条件、材料约束条件和应用约束条件,从而为确定火炮备件的增材制造成型可行性判定方法提供依据。在分析火炮零部件关键特性和增材制造技术基本特性的基础上,确定火炮备件的增材制造设计与制造及质量评价方法,从而具体指导火炮备件的增材制造设计、制造与质量评价工作。最后对火炮常用材料和增材制造成型高性能铁基材料(17-4PH钢、18Ni300钢和4Cr5MoSIV1钢)进行显微硬度、拉伸性能、摩擦磨损性能和冲击韧性测试,通过对材料的力学性能进行对比分析,确定适合火炮备件的增材制造成型材料。

3.2 火炮零部件关键特性分析

3.2.1 火炮零部件的失效模式

炮闩系统是地面压制火炮的核心组成部分,该系统直接决定了火炮装备作战火力的连续性。根据相关统计，炮闩系统的故障数量较多，占全炮故障数量的40%左右。因此，本书将炮闩系统作为主要研究对象，对其故障模式进行分析，从而为SLM成型火炮备件的组织与力学性能研究提供依据。

炮闩系统为纯机械系统，主要包括开关闩机构、保险机构、抽筒机构和击发复拨机构等，可完成击发炮弹和抽出药筒等任务。目前，炮闩系统存在的故障现象包括不能关闩、不能顺利开闩、不能抽筒、不能击发和自动击发等，而上述故障产生的原因主要为炮闩系统内零部件的失效。炮闩系统内零部件的失效模式主要包括磨损、折断、弹性减弱、锈蚀和变形等，造成零部件失效的原因为磨损、冲击、疲劳和湿热等，其中磨损失效和折断失效零部件在炮闩系统内所占比重较大。因此，本书主要研究炮闩系统内的磨损失效模式和折断失效模式。

3.2.2 火炮零部件的常用材料

火炮零部件常用材料主要包括PCrNiMoA、PCrNi3MoVA、70Si3MnA、30CrMnSi、45CrNiMoVA和35CrMoA等，其中：PCrNi3MoVA为中碳低合金炮用结构钢，该钢具有良好的锻压加工性能，但焊接性差，主要应用于小口径火炮的身管、闭锁机体和自动机机构的零部件等；35CrMoA为合金结构钢，该钢具有良好的冲击韧性和疲劳强度，主要应用于受冲击、振动、弯曲和扭转的零部件，如曲臂和曲轴等；25CrNi4A为优质合金钢，该钢具有高强度、高韧性以及良好的淬透性，主要应用于关闭杠杆、抽筒子和开关杠杆等；45CrNiMoVA为中碳低合金结构钢，该钢具有较高的屈服强度、抗拉强度、疲劳强度和扭转强度，主要应用于炮闩系统内的重要零部件，如拨动子、滑轮、击针、抽筒子和曲臂等；30CMnSiA为高强度低合金结构钢，该钢具有很高的强度和足够的韧性，主要用于曲臂滑轮、炮闩保险杆和炮身驻板等。

根据不同的工况条件、受力情况以及原材料特性，经机加工后的火炮零部件需进行针对性热处理。例如：采用45CrNiMoVA制造磨损失效的拨动子、关闭杠杆滑轮和拨动子驻栓等零部件时，需对零部件进行局部淬火处理，提高局部区域的耐磨性；采用45CrNiMoVA 制造折断失效的击针、抽筒子和闩体挡杆时，需对零部件进行中温回火处理，提高韧性并保证综合力学性能；采用30CrMnSiA 制造磨损失效的曲臂滑轮时，需对零部件进行低温回火处理，提高耐磨性并保证高强度。通过查阅相关资料，总结归纳了火炮零部件常用材料经热处理后的主要力学性能水平。

3.2.3　火炮零部件的特征结构

　　SLM 成型火炮备件需具有优异的力学性能，还应具备良好的尺寸精度和形状精度，而特征结构的 SLM 成型质量直接决定了 SLM 成型火炮备件的精度。因此，对火炮零部件存在的主要特征结构进行研究，可为提高 SLM 成型火炮备件的尺寸精度和形状精度提供基础与依据。

　　炮闩系统内零部件的典型特征结构如图 3-1 所示。炮闩系统内零部件的特征结构主要包括平面、曲面、圆孔、方孔、圆柱、方柱和尖角等。SLM 成型上述特征结构的极限尺寸、形状精度和尺寸精度是影响复杂结构火炮备件 SLM 成型质量的主要因素之一，决定了火炮备件的装配性能和使用性能情况等。

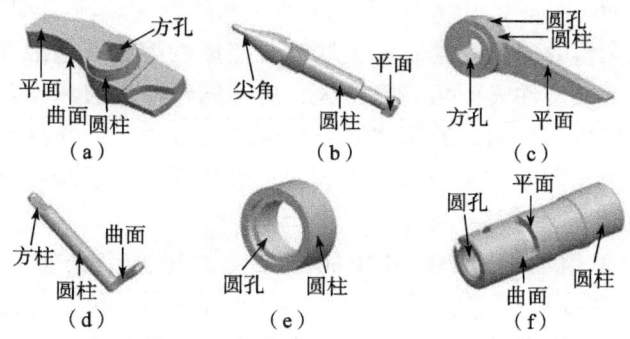

图 3-1　炮闩系统内零部件的典型特征结构
(a) 拨动子；(b) 击针；(c) 拨动子杠杆；
(d) 拨动子轴；(e) 曲臂滑轮；(f) 闩体挡杆。

3.3 火炮备件的选区激光成型技术及方法

3.3.1 SLM 技术的基本特性

3.3.1.1 SLM 成型质量影响因素

SLM 激光束与金属材料的相互作用过程涉及复杂的物理现象和化学现象，包括激光束与金属材料相互作用产生的热辐射、金属材料间的热传导、熔池的形成与凝固、晶粒的形核与生长以及元素烧蚀与蒸发等，而上述现象直接决定了 SLM 成型件的组织与力学性能。

SLM 激光束能量输入的大小和 SLM 工艺参数密切相关，金属粉末吸收的激光束能量大小取决于金属粉末的特性，通过研究成型过程中激光束能量和金属粉末之间的相互作用机理可为提高力学性能和成型质量提供基础。R. K. Enneti 等定义了单位时间单位面积内激光能量输入的大小。激光能量密度的大小主要取决于工艺参数，并且随激光功率的增加、扫描速度的减小或扫描间距的减小，激光能量密度表现为逐渐增大的趋势。合理的激光能量密度有利于提高成型质量，而不合理的激光能量密度可降低熔池黏性流动和表面能，从而产生大量的球化缺陷。球化缺陷直接影响熔池的润湿性和流动性，可导致成型件表面粗糙度增大、后续铺粉不均匀和孔隙缺陷等问题。SLM 成型件内部的孔隙缺陷直接降低致密度，并且孔隙区域极易在外力作用下产生应力集中现象，形成裂纹并逐步扩展，直至成型件失效。

本书采用的 Dimetal–SLM 成型设备的激光束光斑直径约为 70μm，扫描速度的范围一般为 200~1000mm/s，激光束在金属粉末表面的停留时间为 70~350μs。激光束与金属粉末的作用时间极短，整个过程在微观上表现为激光光子与材料粒子之间的能量交换，在宏观上表现为材料对激光束能量的反射、吸收和透射。

SLM 成型材料为细小的球形金属粉末，相对粗糙的表面使得

ER 值低于实体材料。同时,球形金属粉末存在较多的间隙,激光束在金属粉末间不断反射的过程中激光能量被逐渐吸收,并且激光作用深度大于实体材料。因此,球形金属粉末对激光束能量的吸收率高于实体材料。由于金属粉末材料的导热率约为实体材料的 1/100,并且金属粉末间的接触面积较小,当激光束作用于金属粉末时,金属粉末可形成局部高温并快速熔化。但过高的温度可造成熔池汽化,从而产生飞溅现象。飞溅颗粒表面存在一层氧化物,并且氧化物的浸润性较差,当飞溅颗粒镶嵌于零件表面时,可降低后续熔池的浸润性,影响道-道和层-层间的冶金质量。在零件承受外力作用时,镶嵌于零件内部的飞溅颗粒区域极易产生应力集中现象,从而产生微裂纹并逐步扩展,直至零件失效。

SLM 成型过程中液态熔池内部温度分布不均匀可产生热应力,熔池凝固后可产生残余应力,而热应力和残余应力极易导致翘曲变形,零件的翘曲变形直接影响尺寸精度,甚至可造成零件无法顺利成型。影响成型件应力水平的因素主要有 SLM 工艺参数、悬垂结构的伸长量以及倾斜角度等,通过合理调整工艺参数或添加支撑结构的方式可有效降低成型过程中零件的翘曲变形。

SLM 激光束能量呈高斯分布的特征使得激光束边缘能量较低,成型件边缘区域的部分金属粉末未完全熔化,由于成型件外表面与金属粉末直接接触,故部分金属粉末黏附于成型件外表面形成表面黏粉现象。表面黏粉现象的产生直接影响成型件的尺寸精度和表面粗糙度,通过有效的工艺优化或后处理可减少表面黏粉现象。

同时,SLM 激光束与材料相互作用产生的缺陷形式还包括裂纹、熔穿和过熔等,所有缺陷形式均可降低成型件的成型质量和力学性能。因此,对 SLM 成型过程中的缺陷形式以及缺陷形成机制进行深入研究,并通过优化工艺参数、成型角度和扫描策略等方法减少缺陷数量,可提高 SLM 成型火炮备件的力学性能与成型质量。

3.3.1.2 SLM 成型基本结构要素

零件的轮廓由多个基本结构要素通过布尔运算得到，基本结构要素包括平面和曲面。根据平面（曲面）是否存在自支撑结构可将平面（曲面）分为有支撑平面（曲面）和悬垂平面（曲面），如图 3-2 所示。采用 SLM 技术开展火炮备件的快速制造需对基本结构要素进行分析，并对基本结构要素的成型特点进行研究，从而为提高火炮备件的 SLM 成型质量提供基础与依据。

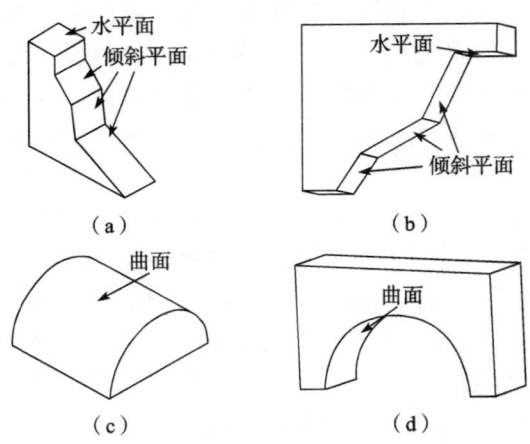

图 3-2 SLM 成型基本结构要素
（a）有支撑平面；（b）悬垂平面；（c）有支撑曲面；（d）悬垂曲面。

复杂结构零件一般具有较多的悬垂结构，该类零件的 SLM 成型过程中易出现翘曲变形、裂纹和表面黏粉等缺陷。为改善 SLM 成型质量，对倾斜角小于理论极限倾斜角的悬垂面添加支撑结构或进行无支撑优化是目前主要采用的方法，其中添加支撑结构是 SLM 成型复杂结构零件的必要方法，但支撑结构去除后对悬垂面的表面质量具有一定影响，将悬垂面作为工作表面时需对该表面进行合理的机加工处理，保证其表面粗糙度和尺寸精度。

3.3.1.3 SLM 成型结构分辨率

SLM 成型熔道的宽度直接决定了 SLM 成型结构的最小分辨率。熔道的宽度主要取决于聚焦后激光束光斑直径大小，并且熔道的宽度一般略大于激光束光斑直径大小。因此，采用 SLM 技术成型尖角、薄壁和间隙等精细结构时，需充分考虑 SLM 成型的最小结构分辨率。本书采用的 Dimetal-SLM 成型设备配置 200W 连续式光纤激光器，激光波长为 1064nm，光束质量因子 $M_2 \leqslant 1.2$，经 f 透镜聚焦后，激光束光斑直径的理论值 $d_{\min}$ 可表示为透镜焦距 f 的函数。由于计算误差和机械误差等因素的影响，Dimetal-SLM 成型设备的激光束光斑直径实际值 d 约为 70μm，故采用该成型设备进行 SLM 成型的最小结构分辨率的理论值约为 70μm。在 SLM 成型过程中产生的残余应力以及表面黏粉等情况，可导致设计尺寸接近最小结构分辨率理论值的精细结构无法顺利成型。因此，SLM 成型的实际最小结构分辨率应综合考虑成型设备、成型材料和成型工艺等方面的因素，通过优化后的成型材料和工艺等确定 SLM 成型的实际最小结构分辨率。

3.3.1.4 SLM 成型结构尺寸精度

1) 切片处理产生的误差

SLM 成型零件的三维模型经切片处理后生成一系列的二维轮廓数据，经切片处理后生成的各层切片数据仅存储当前层的轮廓数据信息，相邻切片之间的数据信息并未生成和存储，从而可产生原理误差。

同时，对零件进行切片处理的过程中，当零件或特征结构的高度不是切片层厚的整数倍时，在 Z 轴方向可产生一定的尺寸误差。Z 轴方向上尺寸误差的产生原理如图 3-3 所示。由图 3-3（a）可知，当零件高度为切片层厚的整数倍时，Z 轴方向无尺寸误差。由图 3-3（b）可知，当零件高度不是切片层厚的整数倍时，在 Z 轴方向上产生大小为 Δh 的尺寸误差。由图 3-3（c）可知，当特征结构尺寸小于切片层厚，并且特征结构位于相邻切片之间时，特征结构无法成型。由图 3-3（d）可知，当特征结构尺寸大于切片层厚（结构尺寸不是切片层厚整数倍），并且特征结构位于切片之间时，该特征结构存在大小为 Δh 的尺寸误差。由图 3-3（e）可知，当特征结构尺寸为层厚的整数倍、特征结构位于切片之间时，该特征结构存在大小为 $\Delta h_1 + \Delta h_2$ 的尺寸误差。因此，对火炮备件进行切片处理的过程中，需充分考虑其 Z 轴高度以及特征结构的尺寸和位置，通过合理设计切片层厚和加工余量等方式保证 SLM 成型火炮备件的尺寸精度。

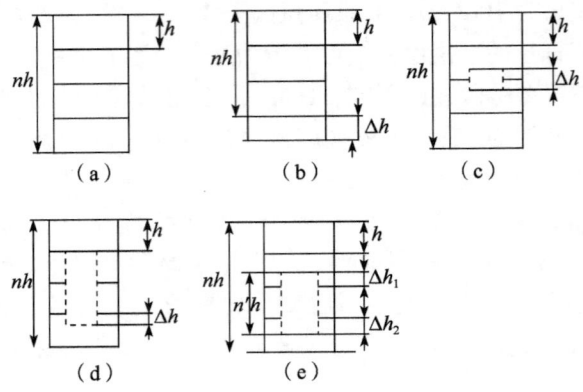

图 3-3 Z 轴方向尺寸误差产生示意图

(a) 成型高度 $H=nh$；(b) 成型高度 $H=nh+\Delta h$；(c) 特征结构无法成型；
(d) 特征结构误差为 Δh；(e) 特征结构误差为 $\Delta h_1+\Delta h_2$。

2) 添加支撑结构产生的误差

SLM 成型悬垂结构需设计并成型支撑结构，影响零件尺寸精度的因素包括支撑结构类型、密度和齿形参数等。支撑结构密度决定支撑作用的大小，但支撑结构密度过大可造成后期支撑去除难度增加，从而导致零件的表面质量降低，形成较大的尺寸误差。同时，支撑结构的 Z 轴偏移量决定了支撑结构与零件之间的牢固程度，但过大的 Z 轴偏移量也可造成零件表面质量降低，形成较大的尺寸误差。因此，SLM 成型火炮备件的过程中应合理设计支撑结构类型、支撑结构密度和支撑齿形参数等，从而减少尺寸误差。

3) 表面黏粉产生的误差

SLM 激光束光斑范围内的金属粉末被熔化后形成熔融态的熔池，处于激光束边缘区域的金属粉末被部分熔化或未熔化。在熔池冷却凝固过程中，熔池边缘可黏附大量金属粉末，从而形成了表面黏粉现象。SLM 成型粉末材料的粒径范围一般为 $15\sim45\mu m$，故表面黏粉现象可直接产生至少 15μm 的尺寸误差。当较多粉末和飞溅颗粒黏附于零件表面时,将产生更大的尺寸误差。针对表面黏粉现象产生的尺寸误差,可通过成型工艺优化或电化学处理等方式改善表面黏粉现象,从而提高尺寸精度。因此,为提高成型零件的尺寸精度,需充分考虑零件的特征结构、合理处理相关数据并优化成型工艺。

3.3.1.5 SLM 成型结构形状精度

SLM 成型有自支撑结构的水平面较为容易,并且无明显平面度误差。SLM 成型具有倾斜角的平面和曲面则易出现台阶效应,从而产生一定的平面度误差(曲面度轮廓误差),SLM 成型的台阶效应如图 3-4 所示。由图 3-4 可知,各层切片直角顶点和设计轮廓之间的距离最大。

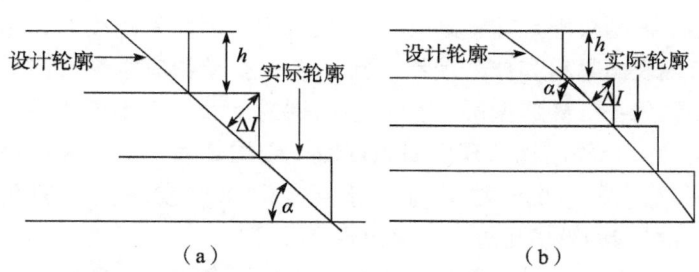

图 3-4 SLM 成型的台阶效应
(a)平面台阶效应;(b)曲面台阶效应。

SLM 成型实际尺寸和设计尺寸之间的理论误差随切片层厚的增加呈线性增加的趋势,当层厚越大时平面度误差(曲面度轮廓误差)越大。同时,理论误差随倾斜角的增加呈逐渐降低的趋势,倾斜角越大平面度误差(曲面度轮廓误差)越小。因此,为减小 SLM 成型火炮备件的平面度误差,可将火炮备件的平面设计为有自支撑结构的水平面、倾斜角为 90°的悬垂平面、有自支撑结构的平面或倾斜角较大的悬垂平面。为减小 SLM 成型火炮备件的曲面度轮廓误差,可将火炮备件的曲面设计为有自支撑结构的曲面或倾斜角较大的悬垂曲面。

3.3.2 火炮备件的 SLM 成型可行性

3.3.2.1 成型可行性判定依据

1) 结构约束条件

SLM 技术具有极高的成型自由度，消除了传统加工工艺的大部分约束条件。但进行火炮备件 SLM 成型前需充分考虑 SLM 激光光斑约束、分层约束和激光深穿透约束等条件，有效避免 SLM 的工艺局限性，从而保证火炮备件的设计自由度和 SLM 成型自由度的契合。通过对火炮备件的特征结构进行分析与归纳可知，火炮备件的特征结构主要包括圆（方）柱结构、圆（方）孔结构和尖角结构等。

SLM 结构约束条件主要包括：SLM 成型圆（方）孔结构的尺寸不应小于成型极限尺寸，圆（方）孔结构出现倾斜角度时，结构表面易出现表面黏粉和挂渣现象，圆（方）孔结构应水平方向成型或增大倾斜角；SLM 成型圆（方）柱结构的尺寸不应小于成型极限尺寸，圆（方）柱结构出现倾斜角度时，结构表面易出现表面黏粉和挂渣现象，圆（方）柱结构应竖直方向成型或增大倾斜角，圆（方）柱结构的纵横比过大时易出现翘曲变形。

SLM 成型尖角结构的角度不应小于极限角度，小角度、高精度的尖角结构可产生明显的尺寸和形状误差；尖角结构出现倾斜角度时，结构表面易出现表面黏粉和挂渣现象，尖角结构应水平方向成型或增大倾斜角。同时，火炮备件的最大尺寸应小于 SLM 成型设备的成型极限尺寸。

2) 材料约束条件

火炮零部件常用材料为炮钢和铬镍钼钒钢等中高碳铁基材料，但中高碳铁基材料的焊接性较差，激光作用条件下碳元素烧蚀严重。采用中高碳铁基材料进行火炮备件的 SLM 成型时，需具备完善的 SLM 成型金属材料制备工艺和相应的 SLM 成型工艺。目前，国内外研究及应用成熟的 SLM 成型中高碳铁基材料种类较少。为满足火炮备件 SLM 成型材料的需求，实现新型 SLM 成型材料的制备需进行丝状原材料制备工艺研究、球状金属粉末制备工艺研究、球形金属粉末性能测试分析、SLM 成型工艺研究以及成型件性能测试分析等一系列工作。针对火炮备件快速制造的需求应进行多种类、小批量、定制化的新型材料制备，而上述研究存在工作量大、成本高和周期长等问题。

同时，由于火炮常用材料种类较多，携行全部种类材料进行战时火炮备件的快速制造降低了保障部队的机动性，并且进行成型材料的更换增加了制造时间。采用 SLM 技术制造的火炮备件作为失效零部件的替代件，应满足降级制造的主要力学性能要求，并尽可能接近原件的力学性能。因此，可在现有研究成熟材料中选择合适的某种或多种替代材料，保证采用该类材料成型的备件满足降级制造的主要力学性能要求，可使受损装备快速恢复战斗力并完成应急作战任务。

目前，材料制备工艺与应用研究成熟的高性能铁基材料主要包括 4Cr5MoSiV1 钢、17-4PH 钢和 18Ni300 钢等，该类材料具备较高的综合力学性能。因此，为实现火炮备件的快速制造，可对现有应用成熟的高性能铁基材料开展针对性研究，判定采用上述材料的可行性，从中确定适合的 SLM 成型材料。

3）应用约束条件

SLM 成型火炮备件需考虑原件的材料性能、工况条件和失效模式等，从而开展以其应用需求为主的导向设计。SLM 成型材料、成型工艺和成型角度等对成型件的性能影响较大，因此将 SLM 技术应用于火炮备件的快速制造时，需根据相应火炮零部件的特性合理选择成型材料种类、成型工艺和成型角度等。

在确定材料和工艺的基础上，SLM 成型火炮备件需综合考虑使用性能、装配性能和制造时间等因素。由于采用 SLM 技术的制造时间和火炮备件的性能一般呈负相关关系，采用 SLM 技术进行火炮备件快速制造时需根据实际需求合理调整成型工艺等参数。快速制造的火炮备件应可直接装配或经简单机加工处理后进行装配，装配后的火炮备件在传递运动过程中应避免加速其他零部件的失效。同时，SLM 成型火炮备件的使用性能需符合要求，即满足应急作战任务需求。

3.3.2.2 成型可行性判定方法

火炮备件的 SLM 成型可行性判定指标主要包括结构因素、材料因素和应用因素，SLM 成型可行性分析流程如图 3-5 所示。

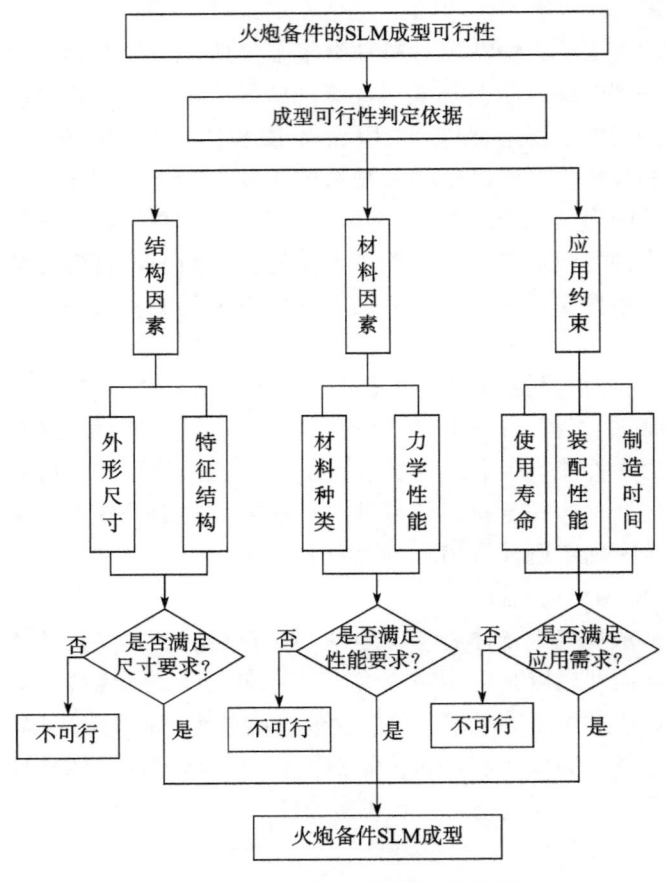

图 3-5 SLM 成型可行性分析流程

1）结构因素

采用 SLM 技术进行火炮备件的快速制造时，需对备件的结构因素进行判定，成型可行性的主要判定依据为火炮备件 SLM 成型结构约束条件。当火炮备件存在低于成型极限尺寸的圆（方）孔、圆

（方）柱、和尖角等结构时，可判定该火炮备件不具备成型可行性。SLM成型设备的最大成型尺寸取决于设备型号，目前Dimetal-SLM设备的最大成型尺寸为400mm×400mm×400mm。当火炮备件的外形尺寸超出设备的最大成型尺寸时，可判定该火炮备件不具备成型可行性。

2）材料因素

采用SLM技术进行火炮备件的快速制造时，需对材料因素进行分析，充分考虑SLM成型材料种类及力学性能。采用现有SLM成型材料快速制造的火炮备件性能应满足降级制造的力学性能要求，即SLM成型火炮备件的主要力学性能符合最低使用标准。当采用现有SLM成型材料快速制造的火炮备件无法符合要求时，可判定该火炮备件不具备成型可行性。

3）应用因素

采用SLM技术进行火炮备件的快速制造时，需考虑火炮备件的使用性能、装配性能和制造时间等应用因素。当SLM成型火炮备件的使用性能、装配性能和制造时间无法满足实际需求时，可判定该火炮备件不具备成型可行性。

3.3.3 火炮备件的SLM设计与制造流程

在确定火炮备件SLM成型可行性的前提下，进行火炮备件的SLM设计与制造，具体流程如图3-6所示。SLM设计与制造流程主要包括火炮备件使用性能需求分析、SLM成型材料确定、成型工艺制定、数据优化处理、SLM成型和后处理。

3.3.3.1 火炮备件使用性能需求分析

通过分析火炮零部件的失效模式、失效原因以及材料力学性能，确定火炮零部件的主要力学性能标准，从而为SLM成型火炮备件的材料选择、成型工艺制定、后处理方法确定和质量评价提供依据。

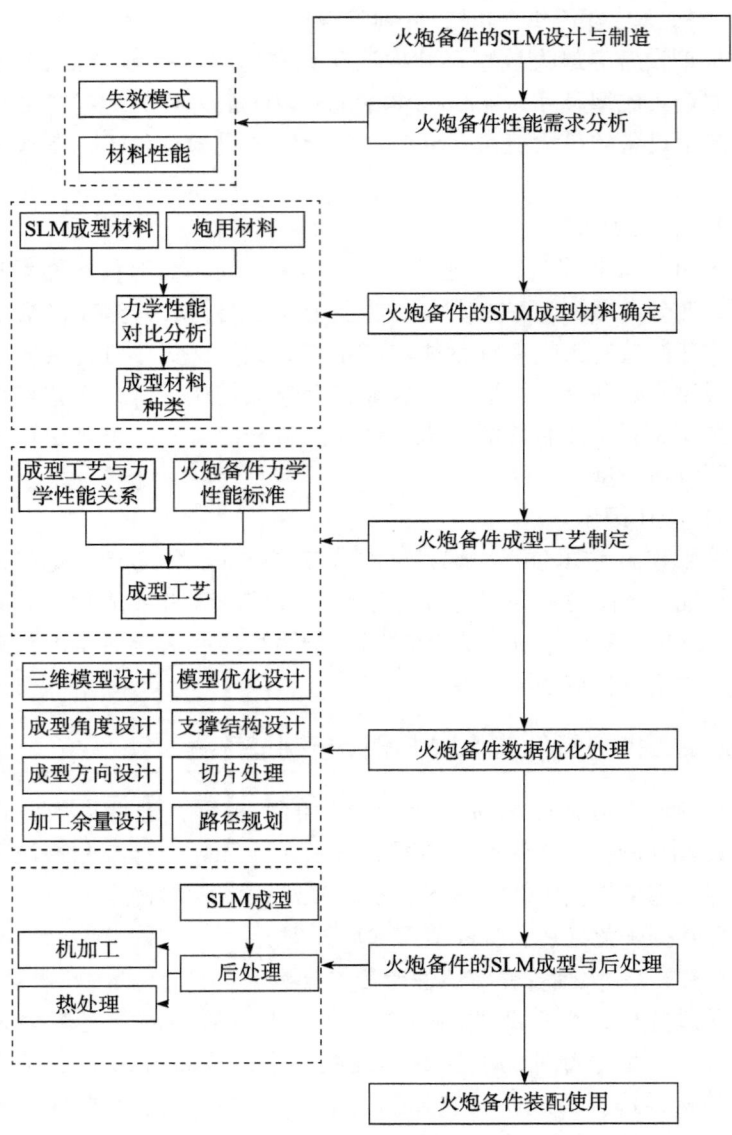

图 3-6 火炮备件的 SLM 设计与制造流程

3.3.3.2　火炮备件成型材料确定

采用 SLM 技术进行火炮备件的快速制造时，需根据使用性能需求选择合适的 SLM 成型材料。首先，选择应用成熟且成型材料性能与火炮零部件材料性能接近的 SLM 成型材料；其次，采用确定的成型材料进行 SLM 成型工艺实验，分析该材料的主要力学性能；最后，根据材料的力学性能以及火炮备件的使用性能需求，确定适合各类火炮备件的 SLM 成型材料。

3.3.3.3　火炮备件成型工艺制定

SLM 成型工艺是决定火炮备件力学性能和成型质量的主要因素之一，不合理的成型工艺容易产生形状误差、尺寸误差和缺陷等，严重影响火炮备件的力学性能。同时，采用不同成型工艺成型火炮备件的各项力学性能存在明显差异。采用 SLM 技术进行火炮备件快速制造时，应根据火炮备件的使用性能需求制定合适的成型工艺。为进一步提高火炮备件的力学性能，可对成型工艺进行优化，如采用激光重熔、激光束分区扫描和前/后轮廓扫描等。

3.3.3.4　火炮备件的数据优化处理

1）三维模型设计

首先采用 SolidWorks、ProE 或 CAD 等三维制图软件设计火炮零部件的三维模型；其次在确定加工余量和自支撑结构的基础上，再对火炮零部件的三维模型进行优化处理。

2）成型角度与方向设计

火炮零部件工作表面易产生磨损和微裂纹缺陷，进而可加速零部件的失效。在 SLM 成型过程中，表面黏粉现象和支撑结构去除后可降低成型件的表面质量。因此，利用 Magics 软件确定最优的成型角度和方向，确保 SLM 成型火炮备件的工作表面避免与金属粉末直接接触或形成低于极限角度的悬垂面。当无法保证所有工作表面的表面质量时，需综合各工作表面权重、支撑结构数量、制造成本和时间等因素，确定最优的成型角度和方向，从而进一步提高火炮备件的使用性能。

3）加工余量设计

SLM 成型火炮备件的表面可能存在表面黏粉和支撑结构去除后的

残渣等，其中部分表面需进行后续机加工处理以提高表面质量和尺寸精度。同时，SLM 采用离散/堆积原理可能导致部分精细结构存在一定的尺寸误差。因此，在 SLM 设计阶段需对火炮备件部分结构设置一定的加工余量，从而保证尺寸精度和形状精度。

4）支撑结构设计

SLM 成型中的自支撑结构是指成型件将自身结构作为支撑载体，该结构可减少支撑结构数量、降低成型过程中的应力水平、增加成型件的刚度，从而避免成型过程中的翘曲变形。因此，在 SLM 成型设计阶段，可优化火炮备件的成型角度和方向，将成型危险区调整为自支撑结构，或在不影响火炮备件使用的前提下设计自支撑结构。当火炮备件部分表面必须添加支撑结构时，需合理设计支撑结构类型和参数等，充分考虑支撑结构去除难度以及支撑结构去除后对表面质量的影响。

5）切片处理及路径规划

火炮备件三维模型和支撑结构设计完成后，需确定合适的切片层厚，然后对火炮备件进行切片处理。切片层厚不仅直接影响火炮备件的成型质量，还决定了火炮备件的制造时间。同时，切片处理完成后需对切片数据进行路径规划，合理设计各层的激光束扫描路径，进而优化火炮备件的力学性能。

3.3.3.5 火炮备件的 SLM 成型及后处理

采用确定的 SLM 成型材料、优化数据以及成型工艺进行火炮备件的快速制造时，需注意观察 SLM 成型过程中的稳定性。SLM 成型火炮备件完成后，对火炮备件的支撑结构和工作表面进行处理。再根据使用性能需求以及制造时间限制，合理选择热处理等方法对火炮备件进行后处理。

3.3.4 SLM 成型火炮备件的质量评价

3.3.4.1 火炮备件的力学性能

采用 SLM 技术进行火炮备件的快速制造时，需判定火炮备件的力学性能是否符合使用要求。火炮零部件的运动情况、受力情况以及失效模式等方面存在差异，故采用 SLM 技术进行火炮备件的快速制造前需对其各项特性进行分析，确定零部件的各项力学性能标准，从而为评价火炮备件的力学性能提供基础与依据。

影响 SLM 成型火炮备件力学性能的因素主要包括材料种类、成型工艺和后处理工艺等，根据火炮备件的使用性能需求，合理调整成型工艺和后处理工艺等提高 SLM 成型火炮备件的主要力学性能，并保证其力学性能高于最低标准。

3.3.4.2　火炮备件的装配性能

采用 SLM 技术进行火炮备件的快速制造，需判定火炮备件的装配性能是否符合要求。判定火炮备件的装配性能主要包括以下 3 个方面。

（1）SLM 成型火炮备件是否可直接进行装配或在简单机加工后进行装配。由于 SLM 成型过程中的切片处理、表面黏粉以及支撑结构设置等可产生形状误差和尺寸误差，故火炮备件的表面粗糙度和尺寸精度与原件存在差异。

（2）装配后的火炮备件是否可使火炮装备正常工作。SLM 成型火炮备件过程中产生的热应力、支撑结构设置和切片处理等产生的误差均可影响尺寸精度。同时，后续机加工量不合理也可影响火炮备件的尺寸精度。因此，火炮备件尺寸误差较大可使火炮装备无法正常工作。

（3）装配后的火炮备件是否会加速其他火炮零部件的失效。SLM 成型火炮备件的力学性能与原件的力学性能存在差异，并且其原始表面粗糙度较高。因此，将 SLM 成型火炮备件装配后，需考虑该备件是否会加速其他零部件的失效。

3.3.4.3　火炮备件的使用性能

SLM 成型火炮备件的使用性能取决于其力学性能和工况条件等，判定 SLM 成型火炮备件使用性能是否符合要求，应以实际使用情况为判定依据。采用 SLM 技术快速制造的火炮备件，应以完成应急作战任务为最低标准。

3.4 火炮备件的激光立体成型技术理论基础及方法

目前，国内的金属 3D 打印技术研究已经达到了一定的高度，可以考虑将其引入到战时装备备件的保障上，主流的金属 3D 打印技术包括激光立体成型技术和选区激光熔化技术，结合战场抢修特点，激光立体成型技术具有更快的打印速度、更低的加工环境要求和更好的环境适应能力，本书选用激光立体成型技术进行火炮备件的应急制造。

3D 打印技术是一种增材制造技术，与传统的铸造等去除型材料加工方式不同，3D 打印技术不需要原坯和模具，可直接将材料逐层叠加生成产品。激光立体成型技术是一种金属 3D 打印技术，可直接成型金属零件，其本身的加工过程比较复杂，总体来说，激光立体成型技术加工零件时是先熔化再凝固的过程，有必要了解激光立体成型技术所涉及的理论。本章介绍了激光立体成型技术的理论基础，分析了激光与金属的相互作用以及快速凝固和定向凝固的原理，最后就激光立体成型系统进行了介绍，并确定了以 316L 不锈钢为实验材料。

3.4.1 激光立体成型打印工艺

胡孝昀等[100] 研究了激光立体成型的工艺和材料成型性，分析了加工工艺对宏观成型质量的影响；陈敦军等[101] 系统总结了激光立体成型的工艺方法，并对其应用前景进行了预测；杨林等[102] 对镍基合金的成型工艺进行了分析，并应用正交实验方法对工艺进行了优化；高勃等[103] 对该技术加工的 Ti-Zr 合金的腐蚀性能进行了研究，未能达到传统件的性能要求，还分析了工艺参数对成型性的影响规律；陈静等[104] 对高温合金和钛合金的成型工艺进行了研究，初步把握了两类材料的工艺窗口；张霜银等[105] 研究了工艺参数对 TC4 钛合金的组织影响规律，还分析了其对成型质量的影响；王晓波等[106] 制备了纯钛的全冠零件，对其成型工艺进行了初步探索；刘建涛等[107] 对钛合金的功能梯度材料进行了研究；张小红等[108] 对 144TA15 钛合金组织进行了研究，分析了工艺对力学性能影响。

通过上述研究可以发现，目前对激光立体成型的工艺研究较多。

主要研究的方向一个是通过对工艺参数的变化来调控宏观成型质量和微观组织结构；另一个方向是采用不同的方法对加工工艺参数进行优化。上述研究还说明一个问题，主要研究的材料是钛合金。

3.4.2　激光立体成型打印组织

王俊伟等[97]应用激光立体成型技术对TC17钛合金的组织进行了研究，发现该材料的组织具有明显的快速凝固和定向凝固特点；吴晓瑜等[109]对17-4PH钢的组织进行了研究，通过工艺的优化实现了组织的控制；张永忠等[110]对316L不锈钢的组织进行了研究，发现拉伸强度基本达到铸件水平；杨模聪等[111]对激光立体成型的Ti60-Ti2AlNb梯度材料进行组织分析，并对金相的演变规律进行了探索；黄瑜等[112]对该技术成型的TC11材料进行了热处理，分析了热处理对组织的影响规律；张方等[113]加工了Ti60试样，对组织的形成规律进行了研究；宋建丽等[114]对316L不锈钢的组织特征进行了研究，并分析了组织与性能的关系；冯莉萍等[115]对激光立体成型中的定向凝固问题和成分偏析进行了研究；姜国政等[116]分析了Ti2A1Nb钛合金的组织演化规律；谭华等[117]采用混合元素法打印了钛基合金的试样，对其微观组织的演化规律进行了分析；谷林等[118]对激光成型TC21钛合金的沉积态组织进行了研究；杨海欧等[119]用激光立体成型的方式加工了300M超强度钢，并分析了其组织演化情况。

从上述研究中可以发现，对激光立体成型组织的研究主要集中在钛合金和奥氏体不锈钢，研究的问题主要包括组织特征分析、热处理对组织的影响规律、组织演变规律、成分偏析和组织对性能的影响规律。同样，对于材料的研究方面主要集中在钛合金上，主要是因为激光立体成型技术最开始的应用背景是航空航天领域，而航天材料中最常用、最重要的是钛合金，所以目前对钛合金的研究相比其他材料更为成熟。

3.4.3　金属材料与激光相互作用

3.4.3.1　激光与金属作用发生的物态变化

激光立体成型技术主要是利用激光的光热效应进行加工的一种

增材制造技术，由于激光的光斑较小，在金属表面形成的熔池也较小，在相对于基体而言很小的熔池里可以达到很高的温度。激光功率密度是打印轨道单位体积上的激光能量，随着激光功率密度的增加，金属表面温度升高，发生熔化、汽化等变化。同时，金属表面的物态变化也会对激光的吸收等产生影响。当激光功率密度小于 $10^4W/cm^2$ 时，此时的激光能量较低，不足以使金属产生物理状态上的变化，金属所吸收的能量仅能产生由表及里的温度变化，仍保持其固体状态不变。这种激光功率密度下的物理过程主要应用在零件的退火处理上及相变硬化处理上。

当激光功率密度处于 $10^4 \sim 10^6W/cm^2$ 时，随着时间的增长，此时的激光能量使金属表面发生融化，当激光能量继续增加时，液固分界面会继续由表面向深层方向移动。这种激光功率密度下的物理过程适用于金属表面重熔、激光表面熔覆及合金化过程。当激光功率密度增至 $10^6 \sim 10^7W/cm^2$ 时，此时金属表面出现两种变化，在熔化的同时伴随汽化的发生，在金属表面附近，汽化物会发生比较弱的电离作用，最终形成稀薄等离子体，反作用于金属，有利于对激光的吸收。在汽化膨胀时形成的压力会使液态金属表面出现凹陷。这种功率密度下的反应过程适用于激光焊接。当激光功率密度增到 $10^7W/cm^2$ 以上时，强烈的汽化作用，形成的等离子体具有较高的电离度，在此条件下新形成的等离子体会屏蔽激光的吸收，在很大程度上减弱入射到金属内部的能量密度。这种功率密度下的汽化过程适用于激光切割及激光打孔等。

在激光与金属作用的过程中，汽化现象是对金属吸收激光能量时是否发生突变的一个重要判据。在金属表面没有发生汽化时，不论是固体还是液体状态下，金属对激光能量的吸收变化不大，仅随温度的改变而有比较缓慢的变化。如果金属表面发生了汽化，则对激光能量的吸收会发生突变，影响材料对激光能量的吸收。考虑到金属打印层之间要有较好的重熔，较小的激光能量密度无法使基体较好地熔化，故需要控制激光能密度在 $106W/cm^2$ 以上，以此来保证金属打印层之间有较好的冶金结合。

3.4.3.2 激光与金属作用的能量平衡

激光立体成型技术主要是将金属粉末和已凝固层熔化并重新凝固的过程,这里需要对激光与金属的相互作用进行探讨。激光是一种原子系统在受激放大过程中产生的高强度的相干光,具有较大的能量。在宏观上,激光与金属材料的相互作用就是以激光为热源,通过不同的激光功率密度和作用时间给金属加热,以达到使金属材料温度升高、熔化或者汽化的目的。在微观上,激光与金属的相互作用比较复杂,其中有光辐射场与材料的原子及分子进行的量子化的能量交换过程。这个能量的交换过程在宏观上表现为激光所发生的反射、折射和吸收现象,以及金属材料发生的温度升高及熔化等现象。

依据近代物理的理论,从微观上分析,激光束中的高能光子流和材料的微观粒子相互作用就是全量子化的能量交换过程。激光中的光子流和材料的微观粒子的能量交换的量子化几乎不能觉察,所以在激光立体成型技术中,可以用经典的概念来说明高能激光束与金属的相互作用。在激光与金属粉末相互作用时,激光参数如能量密度、波长的不同,以及金属材料的种类、属性的不同,造成不同的宏观现象,如热扩散、熔化等。在激光立体成型过程中,激光作用于金属粉末材料,由于激光的光斑大小在 1mm 以下,所以形成的熔池相对于基体来说非常小,激光的高能光子流可以在较小的熔池里产生很高的温度,可达 2000℃,在本书中所选的 316L 不锈钢的熔化温度为 1400℃左右,完全可以达到对凝固层较好的重熔。激光加热和金属材料发生相互作用,使金属材料产生温度升高、熔化、汽化现象,其中的能量传递大致可分为 3 种情况:①能量是用于金属粉末的熔化,这部分用于熔化的能量为有效能量,是被金属粉末吸收的能量,利用率越高越好;②能量在金属表面被反射,散入到周围的环境中,是损失的能量,应尽量减少;③能量传递给基体和已凝固层,被慢慢吸收,这部分能量是金属粉末传递的能量。

在激光与金属粉末发生相互作用时,发生在高能激光束和金属材料间的能量转换遵循能量守恒定律:

$$E_0 = E_{反射} + E_{吸收} + E_{透过}$$

式中：E_0 为入射到金属粉末表面的激光能量；$E_{反射}$ 为被表面金属粉末反射的激光能量；$E_{吸收}$ 为被表面金属粉末吸收的能量；$E_{透过}$ 为激光透过金属粉末后仍保留的能量。

将上式两边同时除以 E_0，则等式右边可转化为

$$R+\alpha+T$$

式中：R 为反射系数；α 为吸收系数；T 为透射系数。

3.4.3.3 激光对金属粉末的加热

激光作为热源对金属粉末进行加热的过程，从宏观角度分析，可看成是高能激光束的能量在金属粉末表面被连续的吸收，然后通过金属粉末向外扩散的过程。金属粉末吸收激光的能量之后，将能量转化为热，以热扩散的形式产生一个温度场，激光的持续作用使得金属材料的物态发生改变。激光器常用的有两种：一种是 CO_2 激光器，其波长较大；另一种为光纤激光器，其波长较小。本书实验选用的材料为奥氏体不锈钢，从对激光能量的吸收率考虑，激光器选用光纤激光器。其基模光束呈高斯分布[68]，在金属粉末表面的激光强度可表示为

$$I(r, 0) = I_0 \exp(-2r^2/w^2)$$

式中：I_0 为光斑中心的功率密度；w 为光斑半径；r 为距光斑中心距离。

此时，金属表面激光束的总能量功率可表示为此处用热传导的方法来分析金属粉末的温度，建立热传导的模型，金属粉末表面加热均匀，激光可看作功率不变的点热源，因其光斑相对于基体很小，可看作是对无限大金属粉层表面进行加热，当激光头扫描速度为 v 时，在热源下方的任意一点温度可表示为

$$T = \frac{C_0 P}{2\pi K r S} \exp\left[-\frac{v_s}{2a_t}(r+x)\right] \exp\left[-\frac{2r^2}{w^2}\right]$$

式中：C_0 为物体表面对激光的吸收系数；P 为激光功率；S 为光斑面积；K 为传热系数；r 为考察点距光斑中心的距离；v_s 为光源扫描速度；x 为考察点距光束中心截面的距离。

从上式可知：温度与激光功率成正比关系；当扫描速度增加时，温度减少。得出的结果与快速凝固时的规律相一致。设材料熔点为

T_0,满足临界熔化点的最小功率为

$$P_0 = \frac{2\pi KrST_0}{C_0 \exp\left[-(r+x)\dfrac{v}{2a}\right]}$$

只有当激光功率 $P>P_0$ 时，金属粉末所吸收的能量才能使其熔化，但为了使得各层之间有较好的结合，当取更大的功率，使各层之间完成较好的重熔结合。激光作用在金属粉末上时，会在粉末间的空隙里发生反射，多次的反射让金属粉末中的透射深度比金属块大，粉末对激光能量的吸收程度更高。

3.4.4 凝固理论基础

应用激光立体成型技术制作零件时，首先，激光束在基体上形成熔池，由于激光光斑很小，一般在1mm以内，所以熔池相对于基体来说很小[70]；然后，同轴送粉机构将金属粉末喷射到熔池中，在激光束的作用下，金属粉末熔化，由于激光头在运动中，处于熔池尾部的液态金属先开始凝固，随着激光头的运动，不断地重复凝固的过程，形成熔覆层，不断地重新熔化和凝固使得熔覆层叠加，达到增材制造的目的，最终获得完整件。凝固在激光立体成型中具有重要的作用，但激光立体成型过程中的凝固过程与传统的凝固过程不同，具有较明显的特征：一是熔池中的热量相对于基体和外部环境很小，当激光束离开后，熔池能够以较快速的速度完成凝固，具有快速凝固的特点；二是熔池相对于基体非常小，使得凝固主要以外延的方式完成，具有定向凝固的特点。

3.4.4.1 快速凝固

快速凝固是指通过某些方法或处理获得很高的冷却速度的过程。快速凝固冷却速度范围如表 3-1 所列。随着凝固速率的增加，凝固变化趋势从平衡状态至近平衡，此时考虑界面局域平衡，液-固界面可依平衡相图处理，当凝固速率继续增加，凝固处于远平衡态，液-固界面的局域平衡失效，此时形成亚稳相和亚稳组织。当凝固速率继续增加，则材料[71]处于极端不平衡态，此时无偏析无扩散凝固。

表 3-1　快速凝固冷却速率范围

冷却速度/(K/s)	速度描述	极限厚度	枝晶间距
$10^{-6} \sim 10^{-3}$	十分慢	>6m	0.5~5mm
$10^{-3} \sim 10^{0}$	慢	0.2~6m	50~500μm
$10^{0} \sim 10^{3}$	近快速	6~200mm	5~50μm
$10^{3} \sim 10^{6}$	快速	0.2~6mm	0.5~5μm
$10^{6} \sim 10^{9}$ 及以上	超快速	6~200μm	0.05~0.5μm

快速凝固使得材料发生了很大变化，可以形成非晶组织。快速凝固与常规的铸件的凝固有明显不同，热传输等过程也发生较大的变化。在极快的冷却速度下，原本低速条件下所采用一些假设将不再成立，如固-液界面局域平衡假设等。此时，快速凝固对于微观组织的形核心与成长产生了较大的影响，进而影响宏观材料的理化和力学性能。快速凝固中微观组织有如下特点[72]。

（1）微观组织明显细化。由于快速凝固的冷却速度很大，可达$10^3 \sim 10^6$K/s，致使形核前的过冷度很大，较高的过冷度又使得形核率有了较大的提高，形成较多的晶核。快速凝固时因对金属材料加热的过程很短，在凝固前形成的晶核来不及长大，形成的晶粒一般较小，为0.5~5μm。在常规的铸造过程中，凝固时由于冷却的速度比较慢，晶核有足够的时间来吸收能量长大，形成的晶粒要比快速凝固中大得多。当凝固时的冷却速率T增大时，晶粒的大小随之减小。

（2）固溶度明显提高。快速凝固过程中凝固生长界面明显偏离平衡，凝固过程的冷却速率远大于平衡凝固的速率，往往来不及随着平衡相图形成其他平衡相，使得各元素在固溶体中的固溶度极限明显扩大，组织结构也明显细化。在快速凝固的过程中，可以形成非晶和准晶，这些可以显著地改变成型材料的理化性质和力学性能。同时，在凝固过程中还可以生成亚稳相，一部分亚稳相是平衡相图所没有的，另一部分亚稳相为平衡相图上的高温相。

（3）成分偏析显著减小。偏析是指在合金中的各元素在结晶时重新分布而产生的不均匀现象。偏析在常规的铸造以及激光焊接里容易产生，对各种性能均有不小的负面影响。偏析现象不仅导致了合金的不均匀，致使合金元素无法产生作用。同时，在较严重的地方会产生脆性相，极大地损害了材料的理化性质和力学性能。在快速凝固的过程中，由于形核前过冷度很大以及冷却的速度非常快，致使生成组织显著细化，同时树枝晶的二次枝晶臂间距也减小到 $0.1 \sim 0.2 \mu m$。在快速凝固过程中，在固-液界面前会产生溶质捕获现象，合金元素来不及充分富集，使得偏析程度大大减小。在低速凝固过程中，往往假设界面局域平衡，虽然固-液相中的溶质扩散未能达到与平衡相图中的成分相一致，但认为在固-液界面附近，局部平衡且与平衡相图中的成分一致。在快速凝固的过程中，局部平衡假设不成立。固-液界面的移动速度有可能超过溶质的扩散速度，使凝固与平衡状态相差很大。由于凝固界面附近的固相原子的重构速度很快，比溶质的扩散速度要大，这导致界面前富集的溶质来不及扩散就被界面所包进固相中，这便是溶质捕获，致使偏析显著减小。

3.4.4.2　定向凝固

金属的定向凝固是在凝固的过程中，采用强制的手段，在熔覆层与熔池间建立起一定方向的温度梯度，使晶粒组织生长的方向沿着与热流相反的方向，达到获得一定取向的柱状晶或单晶的过程。对于金属的定向凝固，想要获得较好的组织：一是需要在金属结晶过程中控制传热的热流方向；二是控制传热的热流强度。固-液界面前端液相中的温度梯度为 GL，当温度梯度 GL 较大时，可获得较大的热流强度，定向凝固得到的组织较好。晶体的生长速率为 R，也称为固-液界面推进速度。温度梯度 GL 与推进速度 R 的比值是判断定向凝固晶体生长状态的重要依据。

成分过冷理论是定向凝固的重要理论，在合金的凝固过程中，由于固-液界面前沿中溶质发生偏聚，从而引起溶质的浓度的改变，导致固-液界面前沿的液相中的实际温度比平衡时的液相线温度低，因此发生的过冷现象称为成分过冷。成分过冷随着温度梯度的增大而减小。成分过冷主要由以下两个条件所决定。一是由于溶质在固-液界面上的偏聚引起的成分重新分配，因为溶质固溶度的影响，在固相中的固溶度较小，在液相中的固溶度较大，当合金发生凝固时，溶质原子转移到液相中，在固-液界面附近的液相中形成富集。当距离固-液界面距离变大时，溶质的质量分数会减小，这样就形成了溶质的再分配。二是在合金凝固时，外界的冷却使得固-液界面中液相一侧产生不同的温度，如果出现液相一侧中溶质的实际温度小于平衡时液相线的温度，会发生过冷现象。在合金的凝固过程中，液相中的成分在不断变化，可以通过过冷作用来分析合金微观下的生长过程。成分过冷理论解释了金属内形成复杂枝晶的原因，从界面稳定性对平界面向枝晶转变提供了判据。

3.4.5 激光立体成型原理及设备

3.4.5.1 激光立体成型原理

激光立体成型技术是在快速原型技术和激光熔覆技术的基础上发展而来，都属于增材制造的范畴。激光立体成型技术的打印原理与其他3D打印技术类似，如图3-7所示。首先建立目标零件的三维模型，将三维模型导入到分层软件中，对模型进行分层处理；然后优化扫描的路径，对层信息进行处理，以上过程是对三维模型的离散化，将三维数据分解成层信息来规划增材制造的具体实施过程。分层软件处理的数据送到控制系统，通过控制系统实现对激光速率、扫描速度、送粉量等参数的控制，进行以点堆线，以线积面，实现层层打印，最终得到打印件。

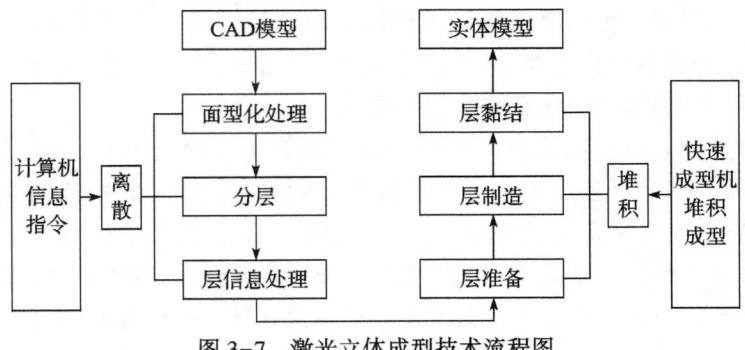

图 3-7 激光立体成型技术流程图

激光立体成型技术具有 3D 打印技术的一般特点，即层层叠加以达到增材制造的目的。因激光立体成型技术面向的是直接成型致密金属件，所以激光立体成型具有其鲜明的特点。激光立体成型技术加工制件的过程实质是快速熔化和凝固的过程，激光快速成型的加工原理如图 3-8 所示。激光光斑很小，很高的能量在激光束照射到的位置温度可达到上千摄氏度，在基材或者熔覆层上形成较小的熔池，金属粉末在与激光的作用下熔化，与基材或原熔覆层形成一体，随着激光束的移动，熔池前沿相邻的金属被局部高温熔化，而熔池尾部的溶质由于远离热源而快速凝固。在激光束走过的路线上形成凝固线，由此聚线成面再层层叠加，最终可得到致密性较好的金属件。在快速熔化、凝固的过程中，需要用气体保护来防止金属的氧化，用 Ar 气保护有利于得到性能更好的金属打印件。要得到性能良好且致密的金属件，需对其打印参数，如激光功率、扫描速度、送粉速率等进行合理的搭配。

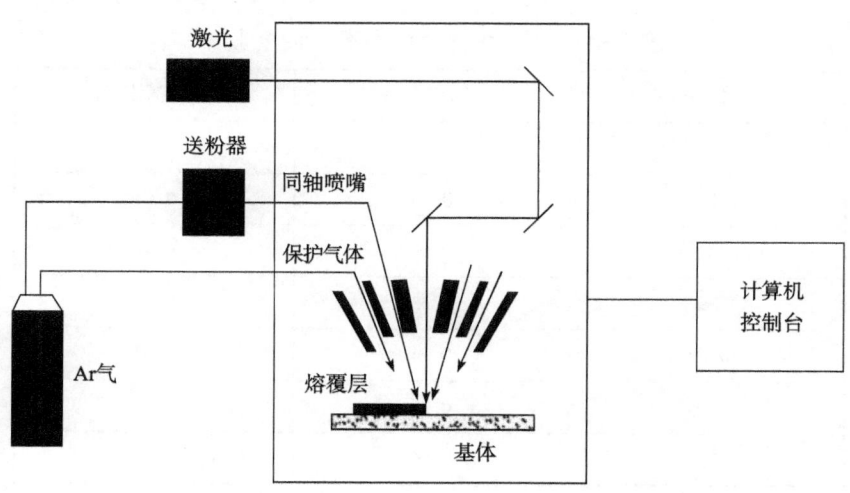

图 3-8　激光立体成型加工原理

3.4.5.2　激光立体成型设备

由图 3-8 可知，激光立体成型系统主要包括激光系统、送粉系统、数控系统及气体保护系统等。激光系统主要是提供高能激光束，以提供热源；送粉系统主要是提供连续均匀的材料粉末，以提供打印素材；数控系统主要控制激光束的精确定位和运动；气体保护系统主要是针对某些易氧化的活泼金属进行保护，同时为送粉器输送粉末。

激光立体成型中，激光系统提供使金属熔化的热源，是成型系统中的重要组成部分。越高能量的激光束会产生越大的熔池，但熔池变大会影响激光立体成型打印件的精度，若在速度与精度间寻求一个合适值，需要选取合适的激光器。常见的激光器为 CO_2 激光器和光纤激光器，相比较而言，光纤激光器的光束质量更好，能得到更小的光斑，对于加工精度具有更大的优势。同时，粉末材料对这两类激光的吸收率如表 3-2 所列。因为本书选用的实验材料为奥氏体不锈钢，从材料对激光的吸收率考虑，也优先选用光纤激光器。

表 3-2 粉末材料对两类激光的吸收率

材料	CO_2 激光器	光纤激光器
Cu	0.26	0.59
Fe	0.45	0.64
Ti	0.59	0.71
Sn	0.23	0.66
ZnO	0.94	0.02
SiO_2	0.96	0.02
CuO	0.76	0.11

本书激光立体成型系统配置的是一台 YLS-4000W 光纤激光器，其技术参数如表 3-3 所列。该激光器光束质量优良，功率输出稳定，性能较好，可配备 20~200m 的加工光纤，同时支持两路光闸，这为激光的柔性加工提供了可能（图 3-9）。

表 3-3　YLS-4000W 光纤激光器的技术参数

参数	性能
波长	1070~1080nm
输出功率（连续波方式）	0~4000W
输出功率的不稳定度	8h 内不超过±2%

图 3-9　YLS-4000W 光纤激光器

3.4.5.3　送粉系统

送粉系统给激光立体成型系统提供均匀和平稳的粉末输出，对于打印件的精度具有很大影响，是成型系统中的核心组成部分。送粉器是送粉系统的最重要部分，送粉器质量的好坏直接影响打印层的厚度，最终影响成型件的形状和精度。所以，能够提供均匀且不间断的粉末流是成型精度较高打印件的保障。

送粉器一般分为气动送粉器、机械送粉器及重力送粉器。重力送粉器对粉末的要求比较高，要求粉末具有很好的流动性，对于流动不是很好的粉末，重力送粉器产生的粉末束的效果不是很好，故这里优先考虑气动式送粉器和机械式送粉器。下面对常用的送粉器进行比较，特性比较结果如表 3-4 所列。送粉器选取 DPSF-2 型送粉器，如图 3-10 所示。此送粉器是气动送粉器，有两个储粉筒，左边的储粉筒有搅拌电机，右边的储粉筒没有，搅拌电机可以使粉末更好地流通，提高送粉的效果。送粉重复精度为±2%，能输送粉度为 20~200μm 的各种热喷涂用粉末，送粉盘转速范围为 0~6r/min。

表 3-4　送粉器特性比较

类型	原理	最小送粉率/(g/min)	粉末湿度	粉末输送率
转刷式	摩擦力学	1	干粉	可控
螺旋式	机械力学	10	干、湿粉	可控
刮板式	气体动力学	1	干粉	可控
毛细管	重力	<1	干粉	不可控

图 3-10　DPSF-2 型送粉器

DPSF-2 型送粉器的工作原理是：材料粉末因重力作用落到送粉盘的凹槽里，此时电机带动送粉盘均匀转动，当材料粉末慢慢运动到出粉块之后，Ar 气会带动到达出粉口的粉末到导粉管，进而到达工作区域。以 Ar 气送粉，同时可以起到气体保护的作用，在工作区域，可以有效地减少有害火焰，提高成型质量。

3.4.5.4　控制系统

控制系统主要是控制激光束的扫描状况、XOY 平面的扫描路线及 Z 轴方向的层进速度。打印件的质量主要包括成型精度和力学性能，要得到精度高的致密金属件，一个精度很高的控制系统必不可少。控制系统一般由数控机床（图 3-11）、伺服电动机、步进电动机等组成。此数控机床可实现 X 轴行程为 2500mm、Y 轴行程为 3000mm、Z 轴行程为 1000mm。

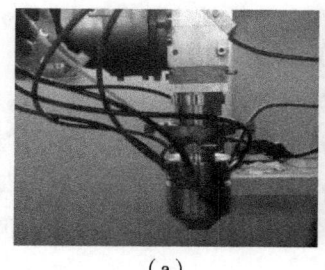 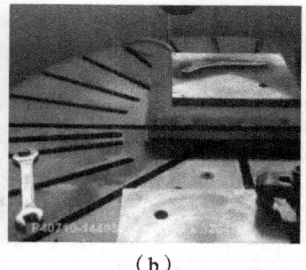

（a） （b）

图 3-11 数控机床

（a）激光头；（b）成型区域。

3.4.5.5 气体保护系统

气体保护主要针对活泼金属，一般采用 Ar 气，在激光立体成型系统里，氩气有两个作用：一是作为惰性气体，在工作区域对熔池形成防氧化保护；二是通入送粉器中，起到运送材料粉末的作用。

3.4.6 激光立体成型材料

针对备件的应急制造，应急加工的环境往往比较恶劣，如应用在战场抢修上或应用在海上作战系统上，一般情况下无法达到真空制造，所以选用抗氧化性较好的材料。同时，战场环境多变，常会在山地、高原等恶劣环境作战，在材料的保存上，需要考虑有较好的抗腐蚀性。作为应急制造，选用的材料应该为常见材料，如此才能在材料缺少的情况下就近补充。应急制造能达到原件的要求最好，在紧急情况下可以只满足部分性能，因其只需在特定时间满足一定的性能，需考虑经济性。出于以上考虑，本书针对备件应急制造的特点，选择 316L 不锈钢作为实验材料，316L 不锈钢为奥氏体不锈钢，属于超低碳合金钢，牌号为 022Cr17Ni12Mo2。其具有较好的抗氧化化和耐腐蚀性，且材料价格较低，为常用材料。

3.4.6.1 化学成分

在 316L 不锈钢中含有较高的 Cr 元素，Cr 元素加入钢中可以明显地改善材料的抗氧化性，增强不锈钢的抗腐蚀能力。Cr 元素是具有钝化倾向的元素，主要是当钢材料受到腐蚀时，会在钢件的表面产生一层氧化薄膜，在一定条件下它比较致密且不会被溶解，增强了抗氧化性。Ni元素不参与形成碳化物，它能够起到形成、稳定奥氏体的作用。同时，Ni元素可以提高材料的淬透性。Ni元素有一定的抗腐蚀能力，它能提高材料对大气的抗腐蚀。同时，对海水的抗腐蚀具有较好的效果，这使得316L不锈钢材料可以在航空母舰等独立供给系统上有很好的应用。Ni元素不能抗硝酸的腐蚀，但对硫酸和盐酸具有较好的抗腐蚀效果。Mo元素可以提高耐点蚀性及耐高温性，Mo元素在不锈钢中形成特殊的碳化物，可以提高在高温高压环境下的抗氢腐蚀的性能，Mo元素在钢中可以提高钢的抗蚀性能。

3.4.6.2 物理性能

316L不锈钢的密度为$7.87g/cm^3$，在20℃下的比热容为$0.502J/(g·℃)$，熔点约为1400℃，固溶处理温度在1150℃左右。热导率和线膨胀系数分别如表3-5和表3-6所列。

表3-5 316L不锈钢的热导率

温度/℃	100	200	300	400	500
$\lambda/(10^{-2}W/(m·K))$	0.151	0.167	0.184	0.198	0.209

表3-6 316L不锈钢的线膨胀系数

温度/℃	20~100	20~200	20~300	20~400	20~500
$\alpha/(10℃)$	16.0	17.0	17.5	17.8	18.0

Ni元素使不锈钢的密度略有增加，同时Ni元素对不锈钢的导电性和导热性具有较明显的影响，Mo元素对钢的磁性有较大的影响。

3.4.6.3 力学性能

316L不锈钢的力学性能具有典型的奥氏体不锈钢特点，延展性好，强度较高。其具体参数值如表3-7所列。

表3-7 316L不锈钢的力学性能

维氏硬度（HV）	屈服强度/MPa	拉伸强度/MPa	延伸率/%
≤200	≥205	≥480	≥40

在铁铬合金中，Cr元素的含量（质量分数）上升时，能够明显提高材料的强度和硬度，铬质量分数在10%以内时，伸长率略有提高。Ni元素能够起到强化铁素体以及细化珠光的作用，可以提高钢的强度，但对于塑性的影响不是很明显。同时，Ni元素可以提高钢对疲劳的抗性。Mo元素对铁素体具有固溶强化的作用，在钢中生成的特殊碳化物的稳定性较好。

3.5 火炮备件的增材成型材料

3.5.1 火炮常用材料的力学性能

3.5.1.1 实验方法

45CrNiMoVA钢和30CrMnSiA钢是炮闩系统内零部件的常用材料，主要应用于拨动子、关闭杠杆滑轮、曲臂滑轮、闩体挡杆和击针等零部件的制造。对采用860℃淬火/油冷的45CrNiMoVA钢、860℃淬火/油冷+460℃回火/2h/油冷的45CrNiMoVA钢和880℃淬火/油冷+220℃回火/2h/油冷的30CrMnSiA钢进行显微硬度、拉伸性能、摩擦磨损性能和冲击韧性的测试实验。然后，对采用860℃淬火/油冷+460℃回火/2h/油冷的45CrNiMoVA钢块状试样和磨损试样表面进行局部860℃淬火处理，再进行显微硬度和摩擦磨损测试。统一试样的尺寸和性能测试实验参数，从而为确定火炮备件的SLM成型材料提供依据。采用机加工的方式制备45CrNiMoVA钢和30CrMnSiA钢块状试样、拉伸试样、磨损试样和冲击试样，各试样尺寸如图3-12所示。

采用机械加工方式制备的试样如图3-13所示。首先，对块状试样表面进行研磨、抛光和腐蚀，腐蚀液采用体积分数为4%的硝酸酒精溶液。采用HXS-1000AK型显微硬度计测量块状试样的显微硬度，实验加载载荷为$200g$，加载时间为15s。对块状试样进行10次测量，并计算平均值作为试样的显微硬度值。其次，采用INSTRON-5567型电子式万能材料实验机进行拉伸实验，拉伸速率为0.1mm/s，根据应力-应变曲线计算试样的抗拉强度和断后伸长率。

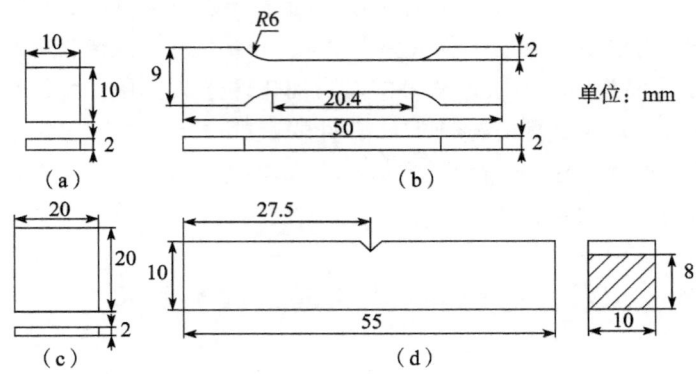

图 3-12 试样的尺寸
(a) 块状试样；(b) 拉伸试样；(c) 磨损试样；(d) 冲击试样。

再次，采用 HT-1000 型球-盘摩擦磨损实验机进行摩擦磨损实验，实验温度条件为室温，对磨材料为热处理后的 45 钢，摩擦半径设定为 5mm，载荷设定为 1000g，转速设定为 300r/min，磨损时间设定为 30min。最后，采用 JBDS-300B 冲击实验机进行冲击实验，实验条件为室温，摆锤能量为 450J。

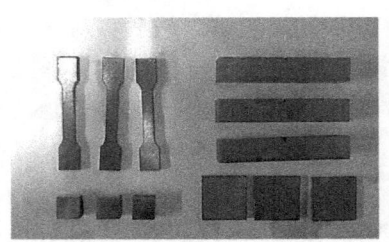

图 3-13 机械加工制备的试样

3.5.1.2 显微硬度分析

45CrNiMoVA 钢和 30CrMnSiA 钢试样不同位置的显微硬度如表 3-8 所列。由表 3-8 可知，45CrNiMoVA 钢和 30CrMnSiA 钢试样顶部表面、底部表面和侧表面的显微硬度无明显差别，经传统锻造加工和热处理的 45CrNiMoVA 钢组织均匀、无明显缺陷，试样各位置的显微硬度较为一致。

第 3 章　火炮装备零部件应急制造应用技术

表 3-8　45CrNiMoVA 钢和 30CrMnSiA 钢的显微硬度

牌号	热处理方式	顶部表面	底部表面	侧表面	平均值
30CrMnSiA	220℃回火	519.2	516.9	510.5	515.5
45CrNiMoVA	860℃淬火	461.4	463.6	457.8	460.9
45CrNiMoVA	460℃回火	540.3	543.5	544.7	542.8
45CrNiMoVA	860℃局部淬火	632.8	635.6	640.2	630.2

3.5.1.3　拉伸性能分析

45CrNiMoVA 钢和 30CrMnSiA 钢试样的抗拉强度与断后伸长率如表 3-9 所列，试样的拉伸断口形貌如图 3-14 所示。由图 3-14 可知，220℃回火处理 30CrMnSiA 钢试样的断口中存在韧窝、解理面和撕裂棱，表现为准解理断裂。860℃淬火处理 45CrNiMoVA 钢试样的断口中存在大量解理面，且无韧窝，表现为解理断裂。460℃回火处理 45CrNiMoVA 钢试样的断口中存在大量韧窝，表现为明显的韧性断裂。

表 3-9　45CrNiMoVA 钢和 30CrMnSiA 钢的拉伸性能

牌号	热处理方式	抗拉强度/MPa	断后伸长率/%
30CrMnSiA	220℃回火	1229	9.0
45CrNiMoVA	860℃淬火	637	3.5
45CrNiMoVA	460℃回火	1404	14.2

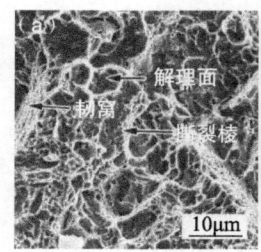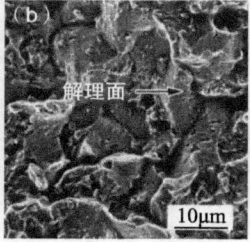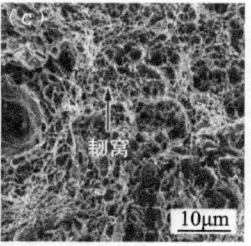

图 3-14　试样的断口形貌

（a）220℃回火 30CrMnSiA；（b）860℃淬火 45CrNiMoVA；（c）460℃回火 45CrNiMoVA。

3.5.1.4　摩擦磨损性能分析

采用精度为 0.01mg 的电子天平测量 45CrNiMoVA 钢和

30CrMnSiA 钢试样的磨损量,再通过计算磨损率来评定其耐磨性,磨损率可表示为

$$\omega = \Delta m / (F \cdot S)$$

式中:ω 为磨损率;Δm 为磨损量;F 为实验载荷,$F=10\mathrm{N}$;S 为滑行距离,$S=282.6\mathrm{m}$。

经 860℃淬火 45CrNiMoVA 钢、860℃淬火+460℃回火 45CrNiMoVA 钢、860℃局部淬火 45CrNiMoVA 钢和 880℃淬火+220℃回火 30CrMnSiA 钢试样的磨损量分别为 0.86mg、0.52mg、0.36mg 和 0.48mg,磨损率分别为 $3.04\times10^{-10}\mathrm{kg\cdot N^{-1}\cdot m^{-1}}$、$1.84\times10^{-10}\mathrm{kg\cdot N^{-1}\cdot m^{-1}}$、$1.27\times10^{-10}\mathrm{kg\cdot N^{-1}\cdot m^{-1}}$ 和 $1.70\times10^{-10}\mathrm{kg\cdot N^{-1}\cdot m^{-1}}$。

试样的磨痕形貌如图 3-15 所示。由图 3-15 可知,860℃淬火 45CrNiMoVA 钢、860℃淬火+460℃回火 45CrNiMoVA 钢和 880℃淬火+220℃回火 30CrMnSiA 钢试样表面存在明显的氧化层和氧化层剥落区,同时存在黏着坑、黏着轨迹和少量犁沟特征,磨损机理以氧化和黏着磨损为主,并伴有少量的磨粒磨损。860℃局部淬火 45CrNiMoVA 钢试样表面存在黏着坑、黏着轨迹和少量犁沟特征,磨损

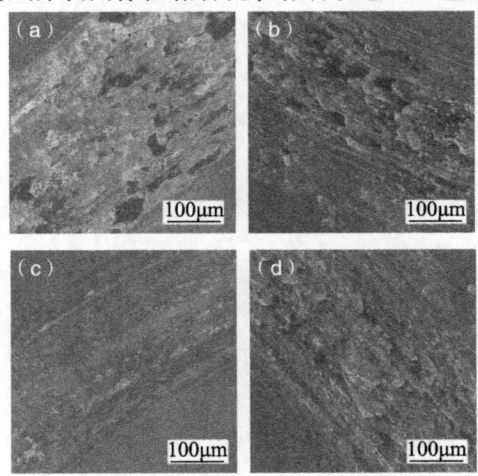

图 3-15 试样的磨痕形貌
(a) 860℃淬火 45CrNiMoVA;(b) 460℃回火 45CrNiMoVA;
(c) 860℃局部淬火 45CrNiMoVA;(d) 220℃回火 30CrMnSiA。

机理以黏着磨损为主,并伴有少量的磨粒磨损。

3.5.1.5 冲击韧性分析

880℃淬火+220℃回火 30CrMnSiA 钢、860℃淬火+460℃回火 45CrNiMoVA 钢和 860℃淬火 45CrNiMoVA 钢的冲击韧性依次为 37.0J/cm^2、38.0J/cm^2 和 7.9J/cm^2。试样的冲击断口形貌如图 3-16 所示。由图 3-16 可知,880℃淬火+220 回火 30CrMnSiA 钢试样的断口中存在解理面、撕裂棱和少量韧窝,表现为以脆性断裂为主的准解理断裂。860℃淬火+460℃回火 45CrNiMoVA 钢试样的断口中存在解理面、撕裂棱和大量韧窝,表现为以韧性断裂为主的准解理断裂。860℃淬火 45CrNiMoVA 钢试样的断口中大量解理面,表现为解理断裂。

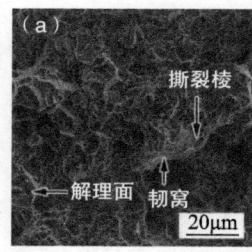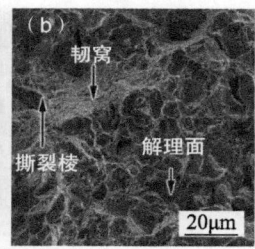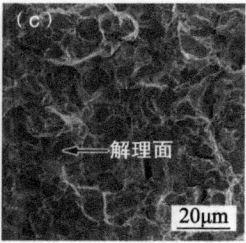

图 3-16 试样的断口形貌

(a) 220℃回火 30CrMnSiA;(b) 460℃回火 45CrNiMoVA;
(c) 860℃淬火 45CrNiMoVA。

3.5.2 SLM 成型 17-4PH 钢的力学性能

3.5.2.1 实验方法

实验采用华南理工大学与信达雅公司自主研制的 Dimetal-SLM 成型设备,设备配置 200W 连续式光纤激光器,激光波长为 1064nm,激光束聚焦后光斑直径为 70μm。采用高纯氩气作为保护气体,成型过程中成型室内氧质量分数控制在 0.1% 以下。实验采用气雾化法生产的 17-4PH 钢球形金属粉末,该粉末的主要化学成分如表 3-10 所列,粉末粒径分布在 15~45μm 范围内。

表 3-10　17-4PH 钢粉末的化学成分

元素	C	Si	Mn	Cr	Ni	Cu	Nb	Fe
质量分数/%	0.04	0.8	0.1	16.5	4.1	4.0	0.3	0.3

本书通过调整激光功率 P、扫描速度 v、扫描间距 s 和铺粉层厚 h 4 个主要工艺参数开展 SLM 成型工艺实验，确定 17-4PH 钢的主要力学性能水平。根据 SLM 成型 17-4PH 钢相关文献、Dimetal-SLM 成型设备参数、材料理化特性以及作者前期实验结果，设计 L9（34）正交实验，实验因素和水平如表 3-11 所列。实验共成型 9 个块状试样、9 个拉伸试样、9 个磨损试样和 9 个冲击试样，17-4PH 钢试样如图 3-17 所示。

表 3-11　正交实验因素和水平

因素	水平		
	A	B	C
激光功率 P/W	170	180	190
扫描速度 v/(mm/s)	400	500	600
扫描间距 s/μm	60	70	80
切片层厚 h/μm	20	25	30

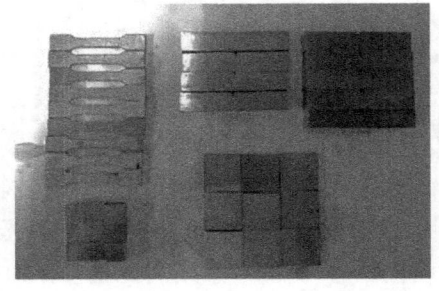

图 3-17　2SLM 成型 17-4PH 钢试样

3.5.2.2　显微硬度分析

SLM 成型 17-4PH 钢块状试样的显微硬度测试结果与数据分析

如表 3-12 所列。由表 3-12 可知，当 $P=190\mathrm{W}$、$v=400\mathrm{mm/s}$、$s=70\mu\mathrm{m}$、$h=25\mu\mathrm{m}$ 时，理论上 SLM 成型 174PH 钢的显微硬度最高。采用数据分析得到的最优工艺参数组合进行 17-4PH 钢试样的 SLM 成型，然后对该工艺参数条件下试样的显微硬度进行测试。测得最优工艺参数条件下试样的显微硬度为 318HV，而且该条件下试样的显微硬度高于正交实验成型试样的显微硬度。

表 3-12　显微硬度测试结果与数据分析

实验编号	P/W	$v/(\mathrm{mm/s})$	$s/\mu\mathrm{m}$	$h/\mu\mathrm{m}$	显微硬度（HV）
1	170	400	60	20	266
2	170	500	70	25	264
3	170	600	80	30	204
4	180	400	70	30	274
5	180	500	80	25	260
6	180	600	60	25	222
7	190	400	80	25	306
8	190	500	60	30	310
9	190	600	70	20	261
均值 k_1	244.67	282.00	266.00	262.33	
均值 k_2	252.00	278.00	266.33	264.00	
均值 k_3	292.33	229.00	256.67	262.67	
极差 R	47.67	53.00	9.67	1.67	
最优水平	P_3	v_1	s_2	h_2	

3.5.2.3　拉伸性能分析

SLM 成型 17-4PH 钢拉伸试样的抗拉强度和断后伸长率的测试结果如表 3-13 所列。

表 3-13　拉伸性能测试结果

试样编号	1	2	3	4	5	6	7	8	9
抗拉强度/MPa	719	711	553	736	703	599	828	833	706
断后伸长率/%	7.7	7.4	5.6	8.3	7.1	6.4	9.0	8.8	6.9

对抗拉强度数据进行分析,结果如表 3-14 所列。由表 3-14 可知,当 $P=190W$、$v=400mm/s$、$s=70\mu m$、$h=25\mu m$ 时,理论上 SLM 成型 17-4PH 钢的抗拉强度最高。采用最优工艺参数组合 SLM 成型 17-4PH 钢的拉伸试样,测得该工艺参数条件下成型试样的抗拉强度为 848MPa,且该条件下成型试样的抗拉强度高于正交实验成型试样的抗拉强度。

表 3-14 抗拉强度数据分析

项目	P/W	$v/(mm/s)$	$s/\mu m$	$h/\mu m$
均值 k_1	661.00	761.00	717.00	709.33
均值 k_2	679.33	749.00	717.67	712.67
均值 k_3	789.00	619.33	694.67	707.33
极差 R	128.00	141.67	23.00	5.33
最优水平	P_3	v_1	s_2	h_2

对断后伸长率测试结果进行分析,结果如表 3-15 所列。由表 3-15 可知,当 $P=190W$、$v=400mm/s$、$s=60\mu m$、$h=25\mu m$ 时,理论上 SLM 成型 17-4PH 钢的断后伸长率最高。采用最优工艺参数组合成型 17-4PH 钢的拉伸试样,测得该工艺参数条件下成型试样的断后伸长率为 9.1%,且该条件下成型试样的断后伸长率高于正交实验成型试样的断后伸长率。

表 3-15 断后伸长率数据分析

项目	P/W	$v/(mm/s)$	$s/\mu m$	$h/\mu m$
均值 k_1	6.90	8.33	7.63	7.23
均值 k_2	7.27	7.77	7.53	7.60
均值 k_3	8.23	6.30	7.23	7.57
极差 R	1.33	2.03	0.40	0.37
最优水平	P_3	v_1	s_1	h_2

3.5.2.4 摩擦磨损性能分析

SLM 成型 17-4PH 钢磨损试样的摩擦磨损性能测试结果如

表3-16 所列。对磨损率测试结果进行分析,结果如表3-16 所列。试样磨损率越低,摩擦磨损性能越高。由表3-16 可知,当 $P=190\mathrm{W}$、$v=400\mathrm{mm/s}$、$s=70\mu\mathrm{m}$、$h=25\mu\mathrm{m}$ 时,理论上 17-4PH 钢磨损率最低。采用最优工艺参数成型 17-4PH 钢的磨损试样,该工艺参数条件下成型试样的磨损率为 $2.44\times10^{-10}\mathrm{kg\cdot N^{-1}\cdot m^{-1}}$,且该条件下成型试样的磨损率低于正交实验成型试样的磨损率。

表3-16 磨损率数据分析

项目	P/W	$v/(\mathrm{mm/s})$	$s/\mu\mathrm{m}$	$h/\mu\mathrm{m}$
均值 k_1	3.52	2.86	3.14	3.20
均值 k_2	3.24	3.09	3.12	3.14
均值 k_3	2.74	3.55	3.24	3.15
极差 R	0.78	0.69	0.12	0.06
最优水平	P_3	v_1	s_2	h_2

3.5.2.5 冲击韧性分析

SLM 成型 17-4PH 钢冲击试样的冲击韧性测试结果如表3-17 所列。对冲击韧性测试结果进行分析,结果如表3-17 所列。由表3-17 可知,当 $P=190\mathrm{W}$、$v=400\mathrm{mm/s}$、$s=70\mu\mathrm{m}$、$h=20\mu\mathrm{m}$ 时,理论上 SLM 成型 17-4PH 钢的冲击韧性最高,该工艺参数条件下试样的冲击韧性为 $35.6\mathrm{J/cm^2}$,且该条件下成型试样的冲击韧性高于正交实验成型试样的冲击韧性。

表3-17 冲击韧性数据分析

项目	P/W	$v/(\mathrm{mm/s})$	$s/\mu\mathrm{m}$	$h/\mu\mathrm{m}$
均值 k_1	28.45	33.03	30.75	30.93
均值 k_2	29.60	31.50	31.20	30.35
均值 k_3	33.68	27.20	29.78	30.45
极差 R	5.23	5.83	1.43	0.58
最优水平	P_3	v_1	s_2	h_1

3.5.3　SLM 成型 18Ni300 钢的力学性能

3.5.3.1　实验方法

实验采用华南理工大学与信达雅公司自主研制的 Dimetal-SLM 成型设备，用高纯 Ar 气作为保护气体，成型过程中成型室内氧质量分数控制在 0.1% 以下。实验材料采用气雾化法生产的 18Ni300 钢球形金属粉末。该粉末的化学成分如表 3-18 所列，粉末粒径分布在 $15\sim45\mu m$ 范围内。

表 3-18　18Ni300 钢粉末的化学成分

元素	Ni	Co	Mo	Ti	Al	C	Mn	Si	Cr	Cu	Fe
质量分数/%	18.4	9.15	4.96	0.68	0.10	0.02	0.08	0.06	0.23	0.40	0.2

根据 SLM 成型 18Ni300 钢的相关文献、Dimetal-SLM 成型设备参数、材料的理化特性以及作者前期实验结果：首先，设计 L9 (3⁴) 正交实验，实验因素和水平与 SLM 成型 17-4PH 钢保持一致，SLM 成型 18Ni300 钢试样如图 3-18 所示；然后，进行试样的显微硬度、拉伸性能、摩擦磨损性能和冲击韧性测试，从而确定在上述工艺参数范围内 SLM 成型 18Ni300 钢主要力学性能的最高水平。

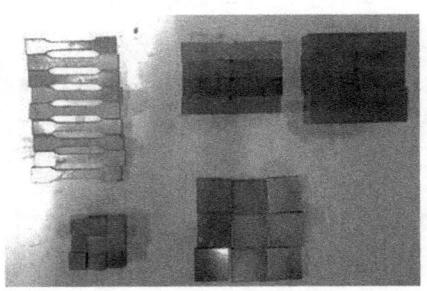

图 3-18　SLM 成型 18Ni300 钢试样

3.5.3.2　显微硬度分析

SLM 成型 18Ni300 钢块状试样的显微硬度测试结果与数据分析如表 3-19 所列。由表 3-19 可知，当 $P=190W$、$v=400mm/s$、$s=60\mu m$、

$h=30\mu m$ 时，理论上 SLM 成型 18Ni300 钢的显微硬度最高。采用最优工艺参数组合进行 18Ni300 钢块状试样的 SLM 成型，测得该工艺参数条件下试样的平均显微硬度为 355HV，并且该条件下成型试样的显微硬度高于正交实验成型试样的显微硬度。

表 3-19 显微硬度测试结果与数据分析

实验编号	P/W	v/(mm/s)	s/μm	h/μm	显微硬度（HV）
1	170	400	60	20	309
2	170	500	70	25	298
3	170	600	80	30	248
4	180	400	70	30	322
5	180	500	80	20	301
6	180	600	60	25	254
7	190	400	80	25	345
8	190	500	60	30	351
9	190	600	70	20	293
均值 k_1	285.00	325.33	304.67	301.00	305.2
均值 k_2	292.33	316.67	304.33	299.00	298.2
均值 k_3	329.67	265.00	298.00	307.00	308.5
极差 R	44.67	60.33	6.67	8.00	9.00
最优水平	P_3	v_1	s_1	h_3	m_3

3.5.3.3 拉伸性能分析

SLM 成型 18Ni300 钢拉伸试样抗拉强度和断后伸长率测试结果如表 3-20 所列。

表 3-20 拉伸性能测试结果

试样编号	1	2	3	4	5	6	7	8	9
抗拉强度/MPa	868	848	668	912	844	752	996	1003	837
断后伸长率/%	11.1	10.3	8.0	11.4	10.5	9.4	12.7	12.8	10.5

对抗拉强度测试结果进行分析，结果如表 3-21 所列。由

表 3-21 可知,当 $P=190W$、$v=400mm/s$、$s=60\mu m$、$h=25\mu m$ 时,理论上 SLM 成型 18Ni300 钢的抗拉强度最高。采用最优工艺参数组合进行 18Ni300 钢拉伸试样的 SLM 成型,测得该工艺参数条件下试样的抗拉强度为 1086MPa,且该条件下成型试样的拉伸性能高于正交实验成型试样的拉伸性能。

表 3-21 抗拉强度数据分析

项目	P/W	$v/(mm/s)$	$s/\mu m$	$h/\mu m$
均值 k_1	794.67	925.33	874.33	849.67
均值 k_2	836.00	898.33	865.67	865.33
均值 k_3	945.33	752.33	836.00	861.00
极差 R	150.67	173.00	38.33	15.67
最优水平	P_3	v_1	s_1	h_2

对断后伸长率测试结果进行分析,结果如表 3-22 所列。由表 3-22 可知,当 $P=190W$、$v=400mm/s$、$s=60\mu m$、$h=25\mu m$ 时,理论上 SLM 成型 18Ni300 钢的断后伸长率最高。该工艺参数条件下试样的断后伸长率为 12.9%,且该条件下成型试样的拉伸性能高于正交实验成型试样的拉伸性能。

表 3-22 断后伸长率数据分析

项目	P/W	$v/(mm/s)$	$s/\mu m$	$h/\mu m$
均值 k_1	9.80	11.73	11.10	10.70
均值 k_2	10.43	11.20	10.73	10.80
均值 k_3	12.00	9.30	10.40	10.73
极差 R	2.20	2.43	0.70	0.10
最优水平	P_3	v_1	s_1	h_2

3.5.3.4 摩擦磨损性能分析

SLM 成型 18Ni300 钢试样的摩擦磨损性能测试结果如表 3-23 所列。

表 3-23 摩擦磨损性能测试结果

试样编号	1	2	3	4	5	6	7	8	9
磨损量/mg	0.82	0.83	1.01	0.73	0.84	0.91	0.63	0.66	0.79
磨损率/(10^{-10}kg·N^{-1}·m^{-1})	2.90	2.94	3.57	2.58	2.97	3.22	2.23	2.34	2.80

对磨损率测试结果进行分析,结果如表 3-24 所列。由表 3-24 可知,当 $P=190W$、$v=400mm/s$、$s=70\mu m$、$h=25\mu m$ 时,理论上 SLM 成型 18Ni300 钢的磨损率最低。该工艺参数条件下试样的磨损率为 2.12×10^{-10}kg·N^{-1}·m^{-1},且该条件下成型试样的磨损率低于正交实验成型试样的磨损率。

表 3-24 磨损率数据分析

项目	P/W	v/(mm/s)	s/μm	h/μm
均值 k_1	3.14	2.57	2.82	2.89
均值 k_2	2.93	2.75	2.77	2.80
均值 k_3	2.45	3.20	2.93	2.83
极差 R	0.69	0.63	0.16	0.09
最优水平	P_3	v_1	s_2	h_2

3.5.3.5 冲击韧性分析

SLM 成型 18Ni300 钢冲击试样的冲击韧性测试结果如表 3-25 所列。

表 3-25 冲击韧性数据分析

项目	P/W	v/(mm/s)	s/μm	h/μm
均值 k_1	24.87	29.79	27.84	27.89
均值 k_2	27.17	28.62	28.15	27.91
均值 k_3	31.18	24.81	27.24	27.43
极差 R	6.31	4.98	0.91	0.48
最优水平	P_3	v_1	s_2	h_2

对冲击韧性测试结果进行分析,结果如表 3-25 所列。由

表 3-25 可知，当 $P = 190\text{W}$、$v = 400\text{mm/s}$、$s = 70\mu\text{m}$、$h = 25\mu\text{m}$ 时，理论上 SLM 成型 18Ni300 钢的冲击韧性最高。最优工艺参数条件下试样的冲击韧性为 33.0J/cm^2，且该条件下成型试样的冲击韧性高于正交实验成型试样的冲击韧性。

3.5.4 SLM 成型 4Cr5MoSiV1 钢的力学性能

3.5.4.1 实验方法

实验采用华南理工大学与信达雅公司自主研制的 Dimetal-SLM 成型设备，采用高纯氩气作为保护气体，成型过程中成型室内氧质量分数控制在 0.1% 以下。实验材料采用 4Cr5MoSiV1 钢球形金属粉末。该粉末的化学成分如表 3-26 所列，粉末粒径分布在 15~45μm 范围内。

表 3-26 4Cr5MoSiV1 钢粉末的化学成分

元素	C	V	Mo	Ni	Si	Cr	Mn	P	S	Fe
质量分数/%	0.39	1.05	1.27	0.23	0.87	5.24	0.48	0.019	0.01	0.02

根据 SLM 成型 4Cr5MoSiV1 钢的相关文献、Dimetal-SLM 成型设备参数、材料的理化特性以及作者前期实验结果，设计 L9（34）正交实验，实验因素和水平如表 3-27 所列。SLM 成型试样如图 3-19 所列。然后，进行试样的显微硬度、拉伸性能、摩擦磨损性能和冲击韧性测试，从而确定在上述工艺参数范围内 SLM 成型 4Cr5MoSiV1 钢主要力学性能的最高水平。

表 3-27 正交实验因素和水平

因素	A	B	C
激光功率 P/W	170	180	190
扫描速度 $v/(\text{mm/s})$	300	400	500
扫描间距 $s/\mu\text{m}$	60	70	80
切片层厚 $h/\mu\text{m}$	20	25	30

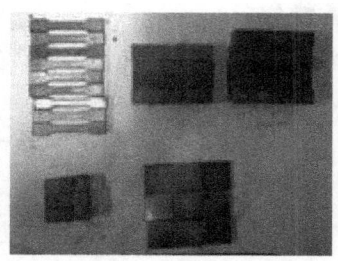

图 3-19　SLM 成型 4Cr5MoSiV1 钢试样

3.5.4.2　显微硬度分析

SLM 成型 4Cr5MoSiV1 钢块状试样的显微硬度测试结果与数据分析如表 3-28 所列。由表 3-28 可知，当 $P=190\text{W}$、$v=300\text{mm/s}$、$s=70\mu\text{m}$、$h=25\mu\text{m}$ 时，理论上 SLM 成型 4Cr5MoSiV1 钢的显微硬度最高。采用最优工艺参数组合进行 4Cr5MoSiV1 钢块状试样的 SLM 成型，测得该工艺参数条件下试样的显微硬度为 564HV，且该条件下成型试样的显微硬度高于正交实验成型试样的显微硬度。

表 3-28　显微硬度测试结果与数据分析

实验编号	P/W	$v/(\text{mm/s})$	$s/\mu\text{m}$	$h/\mu\text{m}$	显微硬度（HV）
1	170	300	60	20	505
2	170	400	70	25	488
3	170	500	80	30	405
4	180	300	70	30	534
5	180	400	80	20	492
6	180	500	60	25	466
7	190	300	80	25	560
8	190	400	60	30	542
9	190	500	70	20	494
均值 k_1	466.00	533.00	504.33	497.00	497.35
均值 k_2	497.33	507.33	505.33	504.67	543.01
均值 k_3	532.00	455.00	485.67	493.67	486.03
极差 R	66.00	78.00	19.67	11.00	13.00
最优水平	P_3	v_1	s_2	h_2	M_3

3.5.4.3 拉伸性能分析

SLM 成型 4Cr5MoSiV1 钢拉伸试样的抗拉强度和断后伸长率测试结果如表 3-29 所列。

表 3-29 拉伸性能测试结果

试样编号	1	2	3	4	5	6	7	8	9
抗拉强度/MPa	1006	808	713	1107	898	802	1209	978	909
断后伸长率/%	8.6	8.4	7.2	9.6	8.4	7.7	10.5	9.2	8.7

对抗拉强度测试结果进行分析,结果如表 3-30 所列。由表 3-30 可知,当 $P=190\mathrm{W}$、$v=300\mathrm{mm/s}$、$s=70\mu\mathrm{m}$、$h=25\mu\mathrm{m}$ 时,理论上 SLM 成型 4Cr5MoSiV1 钢的抗拉强度最高。采用最优工艺参数组合进行 4Cr5MoSiV1 钢拉伸试样的 SLM 成型,测得该工艺参数条件下试样的抗拉强度为 1223MPa,且该条件下成型试样的拉伸性能高于正交实验成型试样的拉伸性能。

表 3-30 抗拉强度数据分析

项目	P/W	$v/(\mathrm{mm/s})$	$s/\mu\mathrm{m}$	$h/\mu\mathrm{m}$
均值 k_1	842.33	1107.33	928.67	937.67
均值 k_2	935.67	894.67	941.33	939.67
均值 k_3	1032.00	808.00	940.00	932.67
极差 R	189.67	299.33	12.67	7.00
最优水平	P_3	v_1	s_2	h_2

对断后伸长率测试结果进行分析,结果如表 3-31 所列。由表 3-31 可知,当 $P=190\mathrm{W}$、$v=300\mathrm{mm/s}$、$s=70\mu\mathrm{m}$、$h=25\mu\mathrm{m}$ 时,理论上 SLM 成型 4Cr5MoSiV1 钢的断后伸长率最高。采用最优工艺参数组合进行 4Cr5MoSiV1 钢拉伸试样的 SLM 成型,测得该工艺参数条件下试样的断后伸长率为 11.1%,且该条件下成型试样的拉伸性能高于正交实验成型试样的拉伸性能。

表 3-31　断后伸长率数据分析

项目	P/W	v/(mm/s)	s/μm	h/μm
均值 k_1	8.07	9.57	8.50	8.57
均值 k_2	8.57	8.67	8.90	8.87
均值 k_3	9.47	7.87	8.70	8.67
极差 R	1.40	1.70	0.40	0.30
最优水平	P_3	v_1	s_2	h_2

3.5.4.4　摩擦磨损性能分析

SLM 成型 4Cr5MoSiV1 钢试样的摩擦磨损性能测试结果如表 3-32 所列。

表 3-32　摩擦磨损性能测试结果

试样编号	1	2	3	4	5	6	7	8	9
磨损量/mg	0.61	0.66	0.81	0.55	0.67	0.73	0.50	0.53	0.63
磨损率/(10^{-10}kg·N^{-1}·m^{-1})	2.16	2.34	2.87	1.95	2.37	2.58	1.77	1.88	2.23

对磨损率测试结果进行分析，结果如表 3-33 所列。由表 3-33 可知，当 $P=190$W、$v=300$mm/s、$s=70$μm、$h=30$μm 时，理论上 SLM 成型 4Cr5MoSiV1 钢的磨损率最低。采用最优工艺参数组合进行 4Cr5MoSiV1 钢磨损试样的 SLM 成型，测得该工艺参数条件下磨损率为 1.70×10^{-10}kg·N^{-1}·m^{-1}，而且该条件下成型试样的磨损率低于正交实验成型试样的磨损率。

表 3-33　磨损率数据分析

项目	P/W	v/(mm/s)	s/μm	h/μm
均值 k_1	2.46	1.96	2.20	2.26
均值 k_2	2.30	2.20	2.18	2.24
均值 k_3	1.96	2.56	2.34	2.22
极差 R	0.50	0.60	0.16	0.04
最优水平	P_3	v_1	s_2	h_3

3.5.4.5 冲击韧性分析

SLM 成型 4Cr5MoSiV1 钢冲击试样的冲击韧性测试结果如表 3-34 所列。

由表 3-34 可知，当 $P=190\text{W}$、$v=300\text{mm/s}$、$s=60\mu\text{m}$、$h=25\mu\text{m}$ 时，理论上 SLM 成型 4Cr5MoSiV1 钢的冲击韧性最高。采用最优工艺参数组合进行 4Cr5MoSiV1 钢冲击试样的 SLM 成型，测得该工艺参数条件下试样的冲击韧性为 31.9J/cm^2，且该条件下成型试样的冲击韧性高于正交实验成型试样的冲击韧性。

表 3-34 冲击韧性数据分析

项目	P/W	$v/(\text{mm/s})$	$s/\mu\text{m}$	$h/\mu\text{m}$
均值 k_1	24.28	28.82	26.62	26.04
均值 k_2	25.98	27.38	25.90	26.46
均值 k_3	28.32	22.38	26.06	26.08
极差 R	4.04	6.44	0.72	0.42
最优水平	P_3	v_1	s_1	h_2

3.5.5 激光立体成型 1Cr12Ni3Mo2V 不锈钢力学性能

3D 打印适合度模型的计算需同时确定结构、性能、时间 3 个模块的适合度，结构适合度由打印零件本身性质决定，时间适合度可以通过打印软件进行计算，还需明确打印材料的性能适合度，有必要对激光立体成型零件的性能与规律进行研究。零件本身的材料种类众多，考虑到目前打印材料的种类较少和打印材料携带的便捷性，针对每种损伤模式研究一种具有较好适用性的材料。

本章针对磨损失效的零件，选取 1Cr12Ni3Mo2V 不锈钢作为打印材料，首先对该材料的成型情况进行分析，明确工艺对成型尺寸的影响，采用正交实验方法，结合神经网络遗传算法寻优，选取其中较优的工艺进行制造，并采用陶瓷颗粒增强相的方式对 1Cr12Ni3Mo2V 不锈钢进行性能优化。

3.5.5.1 实验条件

1) 打印设备

激光立体成型设备主要分为 4 个部分,激光系统对加工过程提供能量输入,与粉末相互作用,实现熔化过程;送粉系统为加工过程提供材料支持,通过对送粉量的调节实现对工作平台材料输入的调控;控制系统主要对激光头进行调控,直接影响成型的路径和精度;气体保护系统主要有两个作用,一是对加工过程提供保护,减少材料的氧化作用,二是与送粉器共同作用,实现金属粉末的输送。

2) 激光系统

激光系统主要参数是激光功率及光斑尺寸,激光功率主要影响对工作平台的能量输入,光斑主要影响打印的精度。目前,主要有两类激光器:一类是 CO_2 激光器;另一类是光纤激光器。由于光纤激光器对光斑的控制能力较 CO_2 激光器更好,本书选用光纤激光器。选择的光纤激光器型号是 YLS-4000W,如图 3-20 所示,该光纤激光器最大输出为 4000W,激光立体成型的工作激光功率在 1000W 以内,完全能够满足加工要求。

图 3-20 YLS-4000W 光纤激光器

3) 送粉系统

送粉系统给加工过程提供材料的输入,具体材料输送的多少由控制盘的转速决定,控制盘转速快,则粉末量增加,送粉器通过气体将材料输送到工作平台。送粉器主要分为四类，分别是转刷式、螺旋式、刮板式和毛细管式。本书选取了 DPSF-2 型送粉器，如图 3-21 所示。

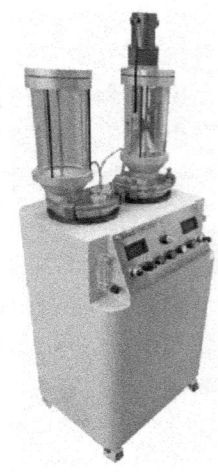

图 3-21　DPSF-2 型送粉器

DPSF-2 型送粉器属于气动型，即通过气体将粉末输送到工作平台，可以看到该设备有两个送粉筒，可实现双材料的混合输送，这为陶瓷颗粒增强金属复合材料的打印提供了支持。其工作原理是通过转盘将粉末送到出粉口，可通过控制转速实现送粉量的调节，出粉口的粉末在 Ar 气的流动中伴随送到工作平台。通过分别调控两个粉筒的转盘转速，可实现不同配比材料的输送，比传统的机械合金化混粉方式优势更明显。该方式直接将两种粉末输送到工作台，进行激光立体成型加工：一是工作流程更简单便捷；二是粉末混合更均匀。

4）控制系统

控制系统主要作用是控制激光头的路径，激光头的路径即熔池的路径，也是单道加工的成型路径，控制系统的精度对成型件的精度影响很大，与光斑大小共同决定了成型件的精度。数控机床是控制系统的重要组成部分，如图 3-22 所示。数控机床的加工范围决定了激光立体成型零件的最大加工尺寸。本书选用的机床最大加工尺寸为 250mm×300mm×100mm。

图 3-22 数控机床

5) 气体保护系统

激光立体成型技术在空气中进行加工,不需要密闭的真空环境,气体保护可以尽量减少材料在加工时的氧化反应,同样,激光立体成型技术更适用于抗氧化性好的材料。

3.5.5.2 材料选取

炮闩中磨损失效的零件主要材料为 40Cr、PCrMo、PCrNiMo 等材料。考虑到火炮备件损伤的不确定性及携带的便捷性,本书选用一种磨损性能较好的材料来打印这一类磨损失效的零件,同时考虑材料的主性能,这几种材料中,以 PCrNiMo 的性能最好,本章以 PCrNiMo 为标准,选取与其组成相近的材料作为打印材料。

之前对 316L 不锈钢的激光立体成型工艺进行了研究,316L 不锈钢属于奥氏体不锈钢,其性能不能满足 PCrNiMo 钢的要求。马氏体不锈钢在综合性能方面比奥氏体不锈钢更优秀,本章选用马氏体不锈进行研究。在马氏体不锈钢中,1Cr12Ni3Mo2V 不锈钢的材料成分与 PCrNiMo 钢较为相似,故本章选择 1Cr12Ni3Mo2V 不锈钢作为研究对象,其成分分布如表 3-35 所列。

表 3-35 1Cr12Ni3Mo2V 不锈钢成分

Mn	Si	S	Cr	NiMo	V
0.11	0.56	0.01	11.5	2.5	0.27

3.5.5.3 实验方法

目前,激光立体成型加工 1Cr12Ni3Mo2V 不锈钢的研究较少,需对该材料进行基本成型分析。激光立体成型的加工工艺参数较多,如激光功率、扫描速度、送粉速率、光斑大小、搭接率等参数,选取主要工艺参数,研究工艺参数对成型质量的影响。通过分析微观组织及成型缺陷,把握成型的基本规律,进而通过神经网络拟合工艺与性能的关系,采用遗传算法确定最优工艺,若最优性能尚不能满足 PCrNiMo 钢的要求且相差较大,则选取合适的方法对耐磨性进行优化。最终,将材料代入适合度模型,分析材料成型的 3D 打印适合度。

3.5.6 陶瓷颗粒改性分析

激光立体成型的零件在较优工艺参数下,耐磨性仍与 PCrNiMo 钢的耐磨性相差较大,有必要对该材料进行改性研究,提高其耐磨性。目前,提高耐磨性主要有 3 种方式:一是表面处理;二是细化晶粒;三是添加增强相。

陶瓷颗粒具有较好的硬度和耐磨性,常被用作增强相。常规的混合粉末的方式是机械搅拌,较为繁琐且混合状况一般。激光立体成型系统中有一个两筒送粉器,可直接将两种粉末进行混合,方便且混合效果更好。故选取添加陶瓷颗粒增强相的方式,来改善材料的耐磨性。

3.5.6.1 陶瓷颗粒的选择

陶瓷颗粒主要有 TiC、WC、SiC、Al3O2 等,将这 4 种陶瓷相进行对比,如表 3-35 所列。增强相和基体的润湿角越接近,成型效果越好,在这 4 种常用增强相里,与 1Cr12Ni3Mo2V 不锈钢的润湿角较小的是 TiC 和 WC,其中 WC 的润湿角更小。但是,WC 的密度值较大,在激光立体成型过程中,两个粉筒同时送粉,WC 会沉在下层,导致熔池中的成分不均匀,故排除 WC 作为增强相,本节选用 TiC 作为增强相来提高 1Cr12Ni3Mo2V 不锈钢的耐磨性。

3.5.6.2 实验方法

实验所选用的原材料主要包括增强颗粒和铁基体,增强颗粒选择

TiC陶瓷颗粒,因为其与铁基润湿性较好,陶瓷颗粒粒径30mm。铁基体选择1Cr12Ni3Mo2V不锈钢,主要是因为该牌号不锈钢成分与某装备系统典型件原材料成分相近,具体成分如表3-35所列。同时,该牌号不锈钢具有较好的韧性,不锈钢粉末粒径为30μm。

采用德国定向研制的激光立体成型设备进行试件的加工,激光立体成型技术是一种增材料制造技术,采用的是同轴送粉的加工方式,即通过送粉口将粉末喷向工作台的同时,激光照射在粉末上形成熔池,送粉口与激光头同步运动,熔池经过的路径形成打印层,层层叠加最终完成加工。

本书中选用的送粉器为两筒送粉器,在一个粉筒里加入1Cr12Ni3Mo2V不锈钢粉末,另一个粉筒里加入TiC颗粒,通过控制两个粉筒的送粉速率来调控TiC颗粒与铁基体的配比,分别制取TiC体积分数为0、10%、20%、30%、40%的1Cr12Ni3Mo2V基复合材料试件。激光功率为505W,扫描速度为5mm/min,送粉速率为1.7r/min。在加工试件前,将TiC和1Cr12Ni3Mo2V粉末在真空干燥箱中经120℃保温1h干燥处理。采用X射线衍射(XRD)分析复合材料的物相组成,工作电压是40kV,管电流为40mA,用Cu-Ka辐射。用扫描电镜(SEM)的背散射电子成像(BSE)模式观测不同试样的微观形貌,结合能谱仪(EDS)分析复合材料颗粒相成分。

在干摩擦条件下,采用UMT-3型摩擦磨损试验机进行耐磨性的测量,对磨副材料为CoCr40球,法向载荷为5N,滑动时间为10min,滑移速度为10mm/s,往复距离为5mm。采用白光干涉仪测量磨痕三维形貌,同时用SEM观测磨痕表面形貌。

3.5.6.3 热力学分析

本节的目的是通过添加增强相来提高基体的耐磨性。激光立体成型是一个复杂的热力学过程,有必要分析在热力学过程中发生了哪些化学反应。目前,一般用自由能来论证化学反应发生的可能性大小,吉布斯自由能为

$$\Delta G = \Delta H - T \cdot \Delta S$$

式中:ΔH为焓;ΔS为熵值;T为温度。当吉布斯自由能为负时,

反应可以自发地正向进行，即反应能够发生。吉布斯自由能的绝对值越小，反应发生的可能性越小。

这里有必要讨论 TiC = Ti + C 是否会发生，激光立体成型过程中，瞬态温度可超过 2000℃，而 TiC 的熔点为 3000℃，温度没有达到 TiC 的熔点，若该反应不发生，则 TiC 以原颗粒存在于基体中，热力学反应则没有发生，没有探讨的必要；若该反应发生，生成的 C 元素会与很多的元素发生反应，将会有一系列的热力学过程发生。

经查阅资料，发现存在一种小尺寸效应，当颗粒较小，达到纳米、微米时，颗粒的比表面积会显著增加，从而产生新的物理性质。光学性质与磁学性质不做讨论，在热学性质上会导致其熔点显著降低。基于此理论，可推测 TiC = Ti + C 反应可能会发生。

分析可知，反应的先后顺序依次是 TiC > Fe_2Ti > Fe_3C。当 C 原子产生时，优先会与 Ti 原子进行反应，生成 TiC，Fe_2Ti 物质不稳定，最终产物中含有的可能性不大，此时最终生成物需分情况进行讨论。当 C 原子与 Ti 原子相等时，最终产物会为 TiC 和 Fe；当 C 原子较少时，会生成 Fe_2Ti，最终产物会是 TiC 和 Fe_2Ti；当 C 原子较多时，C 原子会和 Fe 原子反应，生成 Fe_3C，则最终产物为 TiC 和 Fe_3C。

3.5.6.4 物相分析

在加工过程中，激光光斑尺寸很小，高能量密度在熔池中可产生瞬时高温，将 TiC 颗粒熔化分解，生成的碳元素活性较大，易与金属元素结合，根据材料的名义成分，有可能发生化学反应。

图 3-23 为不同配比复合材料的 XRD 图谱，由图可以看出，未添加 TiC 陶瓷颗粒的试件主要成分是铁，添加 TiC 颗粒之后的材料中主要成分是铁和 TiC，达到了使铁基与 TiC 结合的目的。同时，可以看出，未生成铁和铬的碳化物。

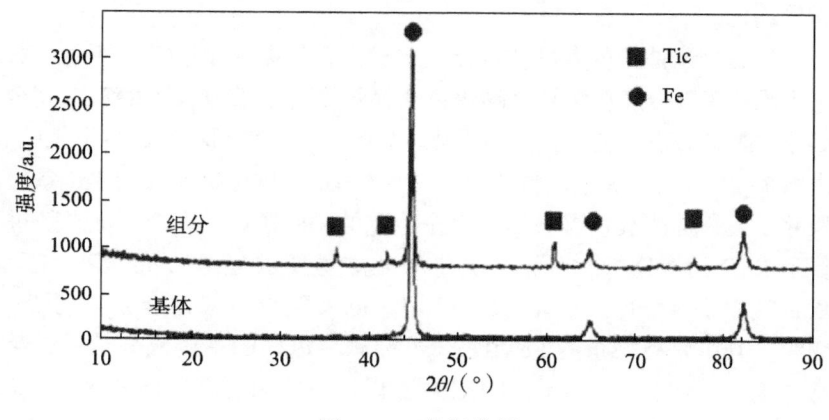

图 3-23 物相分析

3.5.6.5 组织分析

对 1~5 号试件进行 SEM 分析，分别对应制取 TiC 体积分数为 0、10%、20%、30%、40% 的试件。1 号试件是对比件，即基体材料，未添加陶瓷颗粒，微观形貌图片如图 3-24 所示，可知其结构均匀，无其他物质。

图 3-24 基体微观组织

图 3-25 为 2 号试件的微观图片，由此可见，在基体上出现了灰色大颗粒，形状不规则，分布出现了一定程度的偏聚现象，其尺寸与 TiC 颗粒尺寸相近；基体比 1 号试件更深，对基体进行局部放大，可见，在基体中存在较多灰色小颗粒，主要呈圆形或十字形，其分

布较均匀。

对 2 号试件灰色大颗粒进行局部放大，如图 3-25（a）所示，灰色大颗粒正在分解，颗粒上的浅色线显示了分解的方式，由于未完全熔化，颗粒分裂、变小，因为受热不均匀，致使大颗粒的形状不规则。由图 3-25 可知，灰色颗粒尺寸为 40~50mm，与初始加入的 TiC 颗粒尺寸一致，推测灰色颗粒为未完全熔化的 TiC 颗粒，进而对该颗粒进行了 EDS 元素分析。可见，灰色颗粒的主要成分是 C 元素和 Ti 元素，其原子百分比接近 1:1，可知灰色大颗粒为未完全分解的 TiC 颗粒。其中含有少量的 Fe 元素，可推测浅色线的主要成分是铁，与基体成分相似，进一步说明 TiC 颗粒以浅色线为边界进行分解。

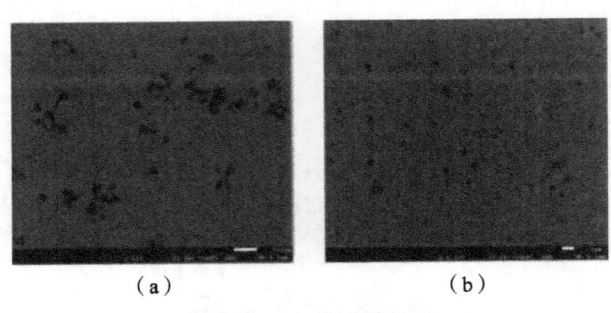

图 3-25　2 号试件组织

对 2 号试件的基体进行局部放大，微观形貌如图 3-25（b）所示，对基体中出现的小颗粒进行了 X 射线线谱分析，分析结果显示铁含量最多，这是由于小颗粒的尺寸太小，在进行 EDS 分析时，分析结果中包含了基体的一部分。首先，对基体进行排除，结果分析中，Cr、Mn、Ni 等元素属于基体，其质量分数与基体中对应元素的质量分数相近，可推测 Cr、Mn、Ni 等元素属于基体部分，剩余的主要元素是 C 元素和 Ti 元素，推断小颗粒是 TiC。这部分 TiC 与未完全分解的 TiC 不同，其成因如下：在激光高能量作用下，原材料中大的 TiC 颗粒发生分解，生成 Ti 原子和 C 原子，C 原子比较活跃，与金属具有较大的亲和力，Ti 原子比 Fe、Cr、Mn、V 等原子的亲和力更大，当激光光斑远离之后，C 原子先与 Ti 原子反应重新析出较小的 TiC。

图 3-26 为 3 号试件的微观形貌图片,生成了灰色的大颗粒,形状不规则,分布较均匀,尺寸与 2 号试件相似,数量较 2 号试件更多;基体颜色较 2 号试件更深,对基体进行局部放大,基体中存在灰色小颗粒,形状主要为梅花形和十字形,有少量的圆形,分布较均匀,尺寸较 2 号试件更大。对大小颗粒进行 EDS 分析,同样得到大小颗粒均为 TiC 颗粒。

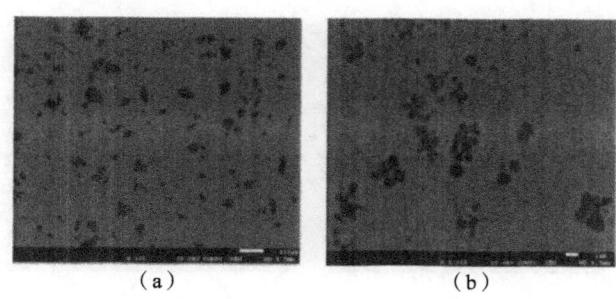

(a) (b)

图 3-26 3 号试件组织

图 3-27 为 4 号试件的微观形貌图片,生成了灰色的大颗粒,形状不规则,分布较均匀,尺寸与 2 号试件相似,数量较 3 号试件更少,与 2 号试件类似;基体颜色较 3 号试件更深,对基体进行局部放大,基体中存在灰色小颗粒,形状主要为树枝状,分布较均匀,尺寸较 3 号试件更大。对大小颗粒进行 EDS 分析,同样得到大小颗粒均为 TiC 颗粒。

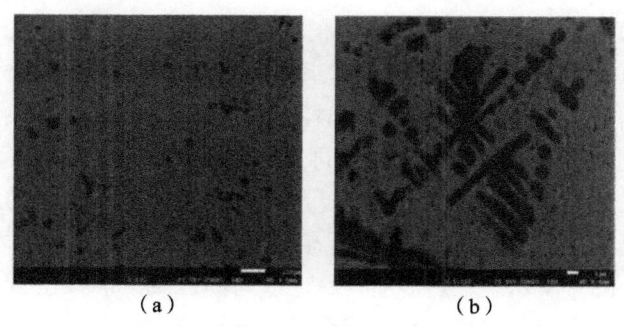

(a) (b)

图 3-27 4 号试件组织

图 3-28 为 5 号试件的微观形貌图片，生成了灰色的大颗粒，形状不规则，分布较均匀，尺寸与 2 号试件相似，数量与 2 号试件类似；基体颜色较 4 号试件更深，对基体进行局部放大，基体中存在灰色小颗粒，形状主要为树枝状与梅花开，分布较均匀，枝晶尺寸较 4 号试件更大。对大小颗粒进行 EDS 分析，同样得到大小颗粒均为 TiC 颗粒。

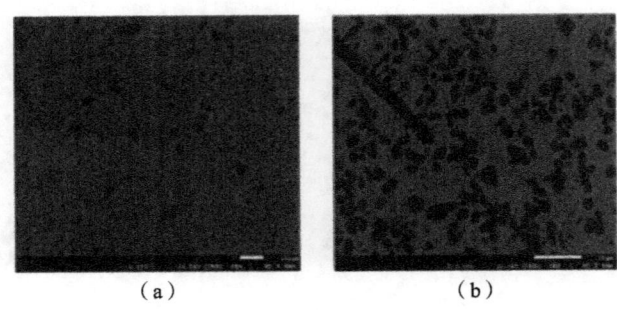

(a)　　　　　　　　(b)

图 3-28　5 号试件组织

由上述的形貌图可以看出，随着 TiC 体积分数的增加，重新析出的 TiC 产生了由圆形→十字形→梅花形→树枝形变化的过程。现对这一现象的成因进行分析，当光斑在工作区形成熔池，进入熔池中的 TiC 在小尺寸效应下发生分解，生成 Ti 原子和 C 原子，与熔池内的其他元素反应生成晶核，成生晶核会消耗 Ti 原子和 C 原子，造成这两种原子浓度降低，当低到不能形成晶核时，会在已生成的晶核上连续生长，逐步形成圆形→树枝形的变化。

图 3-29 中 4 号试件的微观组织有两种典型形貌，对该形貌的形成机理进行分析。熔池中晶核形成时发生化学反应，会放出热量。不熔池的不同位置，热传递的方向不同，当热传递方向较散的区域，形核是随机的，当新核聚集时，会降低附近的原子浓度，周围的原子会向新核附近扩散，这时再形成的新晶核会出现沿一定方向的生长，如图 3-29（a）所示。在热传递有一定方向的区域，形核也会具有一定的方向性，形核便呈线形，形成新核会导致周围原子浓度的降低，成分过冷会促使侧面的晶核形成树枝状，如图 3-29（b）所示。

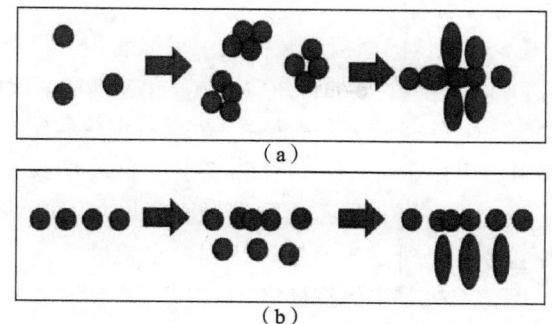

图 3-29 枝晶成长形式

3.5.6.6 硬度分析

图 3-30 为 5 种试件的硬度分布。由图可以看出,复合材料的硬度随着 TiC 含量的增加而逐渐增加。笔者认为主要有两个方面的原因:第一个原因是未完全熔化的 TiC 颗粒与基体形成冶金结合,陶瓷颗粒的硬度较高,远高于基体的硬度,使材料的平均硬度提高;第二个原因是重新生成 TiC 颗粒弥散地分布在基体中,起到了骨架的作用,提高了材料的抗塑性变形能力。同时,小颗粒的存在可以支撑粗大的 TiC 颗粒防止其脱落,最终影响材料的硬度。

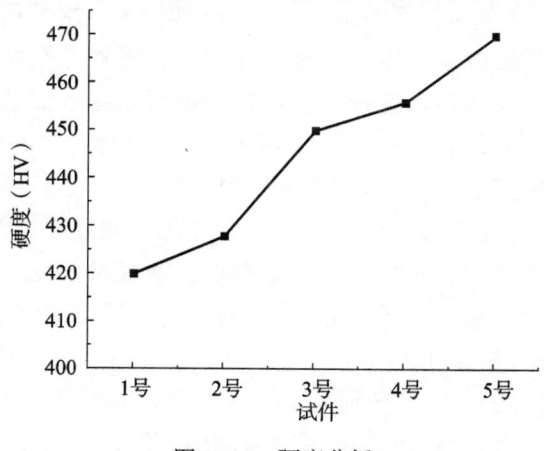

图 3-30 硬度分析

3.5.6.7 摩擦性分析

图 3-31 是 5 个试件的摩擦系数曲线。可以看出，每个试件的变化趋势基本一致，随着时间的增加，摩擦系数先迅速增加，然后趋于平缓，最后再基本稳定。主要由于接触表面并不光滑，由峰谷组成，最开始摩擦时，实际接触面积并不大，突起之间的摩擦，故摩擦系数较小。随着摩擦的进行，突起被磨平，导致实际接触面积增加，开始对基体进行摩擦，导致摩擦系数上升。当摩擦进行到一定程度之后，实际接触面积基本不变，摩擦系数基本保持稳定。

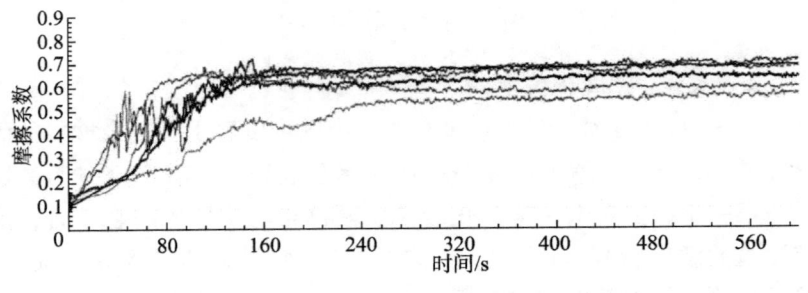

图 3-31 5 个试件的摩擦系数

1 号试件到 3 号试件的 TiC 含量增加，摩擦系数具有逐渐减小的趋势，3 号试件的摩擦系数最小，2 号试件较小。主要是因为 1 号试件中基体的材质较软，导致摩擦系数大，随着陶瓷颗粒增加，摩擦行为开始时会先摩擦陶瓷颗粒，颗粒磨掉后才会摩擦基体，故摩擦系数变小。3 号试件比 2 号试件的陶瓷相数量更多，抵抗摩擦的能力更强，导致摩擦系数更小。1 号试件和 4 号试件、5 号试件的摩擦系数相差不多，数值较大。1 号试件中基体的材质较软，摩擦系数大，随着陶瓷颗粒增加，开始摩擦陶瓷颗粒，摩擦系数变小，当陶瓷颗粒数量较大时，基体中硬质相结合强度变差，导致摩擦系数变大。

3.5.6.8 磨损分析

图 3-32（a）~（e）分别为 1~5 号试件白光干涉三维形貌仪测得的不同配比复合材料的摩擦形貌。从图中可以直观地看出，1 号试件的磨痕深且宽，2 号试件磨痕较浅，3 号试件磨痕最浅且呈现不规则

形状。由于3个试件密度不同,本书以磨损体积作为评判磨损性能的标准。通过软件修正计算可得到磨痕的体积,如图3-33所示,可以判断,随着TiC含量的增加,耐磨性具有增强的趋势,2号试件和3号试件的磨损量都有一定程度的减小,3号试件增强效果最好,4号试件、5号试件的深度与1号试件相似,与摩擦系数相验证。

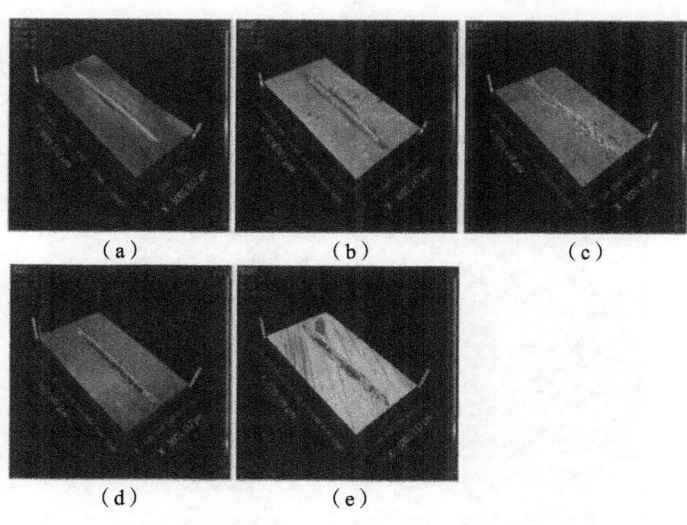

图3-32 5个磨痕的三维形貌图

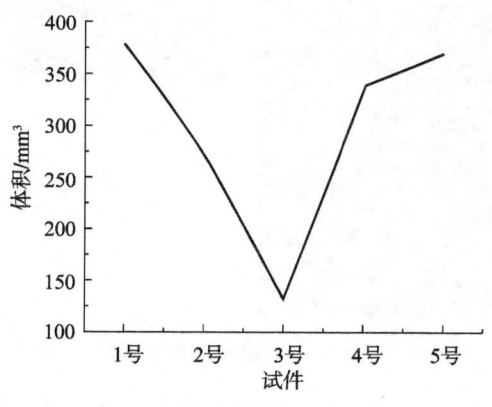

图3-33 磨损体积

3.5.6.9 磨痕表面形貌及机理分析

扫描电镜观测的磨痕表面的微观形貌如图3-34（a）所示，可以看出，1号试件磨痕主要包括犁沟形貌和坑洞形貌两种，主要为磨粒磨损和黏着磨损。1号试件为马氏体不锈钢，不存在TiC硬质相，在滑动摩擦初始，对磨件与材料表面存在的微观凸起体相接触，两摩擦副相对滑动，部分凸起会被磨掉形成磨屑，磨屑和硬质对磨件在与基体相互运动方向都会形成犁沟。随着表面微观凸起被磨平，对磨件与基体间的实际接触面积增大，微观接触点会产生黏着效应。当摩擦副表面相对滑动时，破坏将发生在离结合面不远的表层内，产生剥落坑。

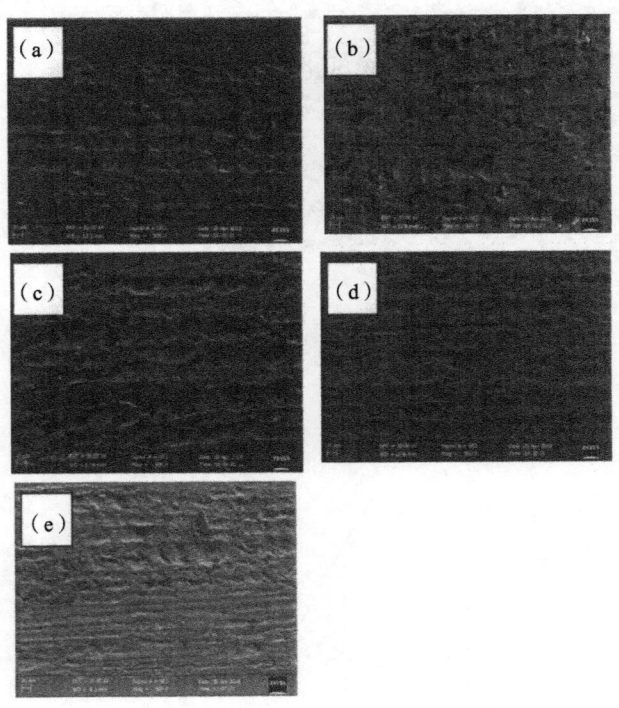

图3-34 磨痕表面形貌

图3-34（b）为2号试件的磨痕形貌，可以看出，主要是坑槽

形貌和氧化物颗粒形貌，说明发生的主要是黏着磨损和氧化磨损。2号试件中含有了未完全分解的 TiC 颗粒，形成了第一个屏障，在磨损的初始阶段，对磨件遇到陶瓷颗粒时，陶瓷颗粒起主要的抵抗作用，由于陶瓷相抵抗能力更强，对磨件只能去磨削基体，此时基体已发生变化，基体弥散了大量 TiC 硬质相，提高了基体的硬度，使对磨件不能像对 1 号试件一样产生显微切削，更容易发生黏着磨损。随着摩擦继续进行，基体会相对缓慢地磨耗，TiC 颗粒会逐渐突出，形成较多的坑槽，摩擦过程中的显微切削过程中会产生较多的热量，局部热量积累会使复合材料发生氧化现象，生成氧化膜。氧化膜起两个作用：一是避免对磨件与基体直接接触；二是起到固体润滑的作用，从而有助于降低磨损率。

图 3-34（c）是 3 号试件的磨痕形貌，可以看到，出现了较多黑色物质，经验证是未分解的 TiC 颗粒，数量较多，主要形貌与 2 号试件相似，为黏着磨损和氧化磨损，但明显 3 号试件的磨损情况比 2 号试件要好。一方面，因为未完全分解的 TiC 颗粒更多且形状更大，使基体的第一层防线更牢固；另一方面，基体中的硬质相更多，起到的骨骼支撑作用更明显，致使 3 号试件的坑槽较浅。同样产生的氧化作用共同使 3 号试件的磨损率降低。4 号试件、5 号试件的情况与 1 号试件相似。

3.5.7 炮用材料与 SLM 成型材料的力学性能对比分析

860C 淬火/油冷的 45CrNiMoVA 钢、860C 淬火/油冷+460C 回火/2h/油冷的 45CrNiMoVA 钢、860C 淬火/油冷+460C 回火/2h/油冷+860C 局部淬火的 45CrNiMoVA 钢、880C 淬火/油冷+220C 回火/2h/油冷的 30CrMnSiA 钢以及 SLM 成型 17-4PH 钢、18Ni300 钢和 4Cr5MoSiV1 钢的各项力学性能最高水平如表 3-36 所示。由表 3-36 可知，SLM 成型 4Cr5MoSiV1 钢的显微硬度、抗拉强度、断后伸长率、磨损率和冲击韧性与 45CrNiMoVA 钢和 30CrMnSiA 钢接近，部分力学性能甚至高于 45CrNiMoVA 钢和 30CrMnSiA 钢。因此，本书将 4Cr5MoSiV1 钢确定为火炮备件的 SLM 成型材料，并进一步开展有关4Cr5MoSiV1钢的组织性能与工艺优化研究，从而为SLM成型火炮备件的应用提供理论基础与依据。

表3-36 炮用材料和SLM成型材料的力学性能对比

材料牌号	处理方式	显微硬度（HV）	抗拉强度/MPa	断后伸长率/%	磨损率/(10^{-10}kg·N^{-1}·m^{-1})	冲击韧性/（J/cm^2）
45CrNiMoVA	860C 淬火	460.90	637.00	3.50	3.04	7.90
45CrNiMoVA	460C 回火	542.80	1404.00	14.20	1.84	38.00
45CrNiMoVA	860C 局部淬火	630.20	1523.00	10.0	1.27	37.20
30CrMnSiA	220C 回火	515.50	1229.00	9.00	1.70	37.00
17-4PH	SLM 成型	318.00	848.00	9.10	2.44	35.60
18Ni300	SLM 成型	355.00	1086.00	12.90	2.12	33.00
4Cr5MoSiV1	SLM 成型	564.00	1223.00	11.10	1.69	31.90

3.6 本章小结

本章基于SLM技术基本特性和火炮零部件关键特性，以SLM成型火炮备件的应用需求为导向，开展相关的成型理论与应用基础研究，从而具体指导火炮备件的SLM设计、制造与质量评价工作，得到的结论如下：

（1）在分析SLM成型结构分辨率、设备参数、材料种类、尺寸精度和形状精度等基本特性的基础上，确定了火炮备件SLM成型结构约束条件、材料约束条件和应用约束条件，提出了以结构因素、材料因素和应用因素为主要指标的火炮备件成型可行性判定方法。

（2）结合SLM成型基本特性和炮闩零部件关键特性，提出了火炮备件的SLM设计与制造以及质量评价方法，进而可具体指导火炮备件的SLM设计、制造与质量评价工作。SLM设计与制造流程主要包括火炮备件使用性能需求分析、SLM 成型材料确定、成型工艺制定、数据优化处理、SLM 成型和后处理。火炮备件质量评价指标主要包括力学性能、装配性能和使用性能。

（3）通过开展火炮常用材料（30CrMnSiA 钢和 45CrNiMoVA 钢）和 SLM 成型铁基材料（17-4PH 钢、18Ni300 钢和 4Cr5MoSiv1 钢）的力学性能测试及对比分析，发现 SLM 成型 4Cr5MoSiV1 钢的显微硬度、抗拉强度、断后伸长率、磨损率和冲击韧性与炮用材料接近，部分力学性能甚至高于炮用材料。因此，确定将 4Cr5MoSiV1 钢作为火炮备件的 SLM 成型材料，进而为开展 SLM 成型火炮备件的组织性能与工艺优化研究提供基础与依据。

第4章
炮钢材料应急制造工艺参数对成型件力学性能影响规律

4.1 引 言

SLM技术采用熔道叠加、逐层累积的成型方法,成型过程中激光束与材料的相互作用涉及复杂的物理和化学现象。SLM成型工艺参数是影响激光束与材料相互作用过程的关键因素,决定了成型件的显微组织特征、物相组成、元素分布和缺陷形式等,进而影响成型件的力学性能。因此,本章在SLM成型4Cr5MoSiV1钢正交实验及性能测试分析的基础上,采用Box-Behnken响应曲面法进一步优化工艺参数。由于SLM成型4Cr5MoSiV1钢的致密度反映了试样内部孔隙和裂纹等缺陷的数量,是决定试样力学性能的关键因素,Box-Behnken响应曲面实验以致密度为响应值。基于Box-Behnken响应曲面实验结果,研究不同激光线能量密度下SLM成型4Cr5MoSiV1钢的显微组织演变机理、物相演变机理、元素损耗机制和缺陷形成机理,确定激光线能量密度对SLM成型4Cr5MoSiV1钢力学性能的影响规律,探讨SLM成型4Cr5MoSiV1钢组织对力学性能的影响机理,从而为优化4Cr5MoSiV1钢的力学性能提供基础与依据。SLM成型4Cr5MoSiV1钢试样如图4-1所示。

图 4-1　SLM 成型 4Cr5MoSiV1 钢试样

4.2　炮钢材料应急制造件成型组织与力学性能分析

通过工艺实验结果可知，随激光功率 P 和扫描间距 s 增加试样的致密度均表现为先升高后降低的趋势；随扫描速度 v 增加试样的致密度表现为逐渐降低的趋势；扫描速度 v 对试样致密度的影响程度高于激光功率 P 和扫描间距 s，且当 $P=190\text{W}$、$v=250\text{mm/s}$、$s=70\mu\text{m}$ 时，试样的致密度最高。因此，在工艺实验的基础上进一步调整扫描速度取值范围并缩小取值间隔，进行 SLM 成型 4Cr5MoSiV1 钢组织特征及演变机理的研究。SLM 成型工艺参数：扫描策略为 S 形正交；铺粉层厚 $h=25\mu\text{m}$；扫描间距 $s=70\mu\text{m}$；激光功率 $P=190\text{W}$、扫描速度 $v=$ 190mm/s、210mm/s、230mm/s、250mm/s。由于扫描间距 s 为定值，故定义激光线能量密度为 $\eta(\eta=P/v)$，相应的 η 分别为 1000J/m、905J/m、826J/m、760J/m。首先采用 Dimetal-SLM 设备在各激光线能量密度条件下成型 10mm×10mm×10mm 的试样；然后将试样从基板上分离，再用丙酮溶液进行超声清洗，SLM 成型 4Cr5MoSiV1 钢试样，依次采用 200 号、400 号、600 号、800 号、1000 号、1500 号、2000 号、3000 号砂纸对试样的表面进行打磨；最后采用 MP-2 型抛光机对试样的表面进行抛光处理，再采用体积分数为 4% 的硝酸酒精对试样的表面进行腐蚀。

由第 3 章中 SLM 成型 4Cr5MoSiV1 钢的正交实验结果可知，激光功率 P 和扫描速度 v 对试样性能的影响程度远高于扫描间距 s 与铺粉层厚 h。当激光功率 $P=190\text{W}$、扫描速度 $v=300\text{mm/s}$ 时，试样的各项性能均为最高值。当扫描间距 $s=70\mu m$ 时,试样的大部分性能最高。SLM 成型金属粉末粒径分布范围是决定最优铺粉层厚 h 的关键因素,通过多种金属粉末的性能测试结果可知,当金属粉末粒径分布范围为 $15\sim45\mu m$ 时,最优铺粉层厚 $h=25\mu m$。

通过 4Cr5MoSiV1 钢的正交实验结果确定了激光功率、扫描速度、扫描间距和铺粉层厚在一定参数范围内($P=170\sim190W$、$v=300\sim500mm/s$、$s=60\sim80\mu m$、$h=20\sim30\mu m$)的最优组合,但该工艺参数组合为预设的孤立整点,且各工艺参数的范围和取值间隔需进一步优化调整。因此,在 SLM 成型 4Cr5MoSiV1 钢正交实验的基础上采用响应曲面法对工艺参数继续进行优化。

响应曲面法是一种典型的综合优化方法,该方法通过一定数量的实验结果建立多项式数值模型,从而将多个变量因素和响应值以函数关系进行表示,实现变量因素的优化和响应值的预测。该方法具有预测精度高和实验次数少等优点,能够有效减少对数值模拟的依赖性以及优化过程中的实验次数,适用于具有变量因素多和计算规模大等特点的工程优化问题。各因素交互作用对 SLM 成型 4Cr5MoSiV1 钢试样致密度的影响如图 4-2 所示。

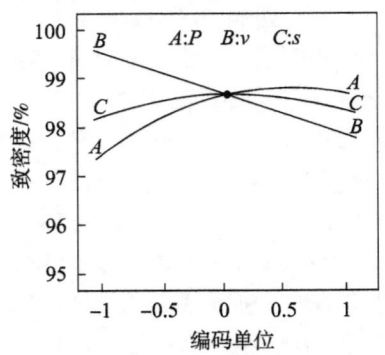

图 4-2 各因素交互作用对致密度的影响

利用 Ultra55 场发射扫描电镜观察经腐蚀后试样表面的显微组织,并通过能谱仪对试样典型区域的元素成分进行分析。由于能谱仪在测量 C 元素含量时属于半定量测量,所以采用 JS-GHW800 型碳硫分析仪精确测量试样的 C 元素含量。采用 DX2700BH 型 X 射线衍

第4章 炮钢材料应急制造工艺参数对成型件力学性能影响规律

射仪分析试样的物相组成，利用 Image Pro-plus 图像分析软件测量试样的晶粒尺寸。通过对 SLM 成型 4Cr5MoSiV1 钢试样显微组织和物相组成的研究，确定工艺参数对显微组织和物相组成的影响规律，阐释 SLM 成型 4Cr5MoSiV1 钢的显微组织演变机理和物相演变机理，从而为力学性能分析与优化研究提供基础。

4.3 炮钢材料应急制造工艺参数对成型件力学性能影响规律分析

4.3.1 工艺参数对致密度的影响规律

采用排水法测量 SLM 成型块状试件的致密度，电子天平是排水法测量成型件致密度的主要设备。本实验采用奥豪斯仪器有限公司制造的电子天平，该电子天平的精确度可达 0.1g%。

根据阿基米德原理采用排水法进行 17-4PH 块状试件的密度测试，再将块状试件的密度与 17-4PH 的理论密度对比求得该试件的致密度。

对 SLM 成型块状试件进行致密度测试并记录测试结果，然后作图分析激光功率对致密度的影响规律，在扫描间距为 0.07mm 和 0.08mm 的情况下，当扫描速度保持不变时，试件的致密度总体上表现为随激光功率的增加而逐渐升高的趋势。在扫描间距为 0.06mm 的情况下，当扫描速度为 300mm/s 时，试件的致密度总体上表现为随激光功率的增加而先升高后降低的趋势；当扫描速度为 350mm/s、400mm/s 和 450mm/s 时，试件的致密度总体上表现为随激光功率的增加逐渐升高的趋势。当激光功率为 190W、扫描速度为 300mm/s、扫描间距为 0.07mm 时，试件的致密度最高为 99.831%。

在其他工艺参数保持不变的情况下，激光功率的增加使金属粉末的熔化更加充分，所以液相含量增加、液相温度升高、动力黏度降低，此时熔体的润湿性、流动性和铺展能力较好，形成熔道的一致性、连续性和搭接质量较为理想。同时，熔池温度的提高增加了熔体冷却凝固的时间，有利于晶体生成为胞状枝晶，最终成型高致密度的零件。但过高的激光功率容易使液相发生汽化，从而形成圆形气孔破坏晶体生长，而且熔池的温度过高容易造成凝固后组织内应力过大，产生变形和开裂等问题，最终影响成型试件的致密度。

扫描速度对试件致密度的影响规律，在扫描间距为 0.06mm、0.07mm 和 0.08mm 的情况下，当激光功率保持不变时，试件的致密度随扫描速度的增加总体上表现为逐渐降低的趋势。

当扫描速度较快时，金属粉末吸收的能量减少从而不能被充分熔化，此时，液相量减少、动力黏度和润湿性降低，从而导致液态熔体的流动性和铺展能力变差，所以熔道的连续性、一致性和搭接质量较差，成型试件的致密度不高。随扫描速度的降低，熔体润湿性、流动性和铺展能力提高，而且液态熔体凝固的时间增加，有利于成型高致密度的试件。但当扫描速度过低时，不仅影响成型质量还会严重降低试件的成型效率。

扫描间距对试件致密度的影响规律，在扫描速度为 300mm/s 的情况下，当激光功率为 190W 时，试件的致密度随扫描间距的增加表现为先升高后降低的趋势；当激光功率为 180W、170W 和 160W 时，试件的致密度随扫描间距的增加表现为逐渐降低的趋势。在扫描速度为 350mm/s、400mm/s 和 450mm/s 的情况下，当激光功率保持不变时，试件的致密度随扫描间距的增加整体上表现为逐渐降低的趋势。各因素交互作用的等高线与响应曲面结果如图 4-3 所示。

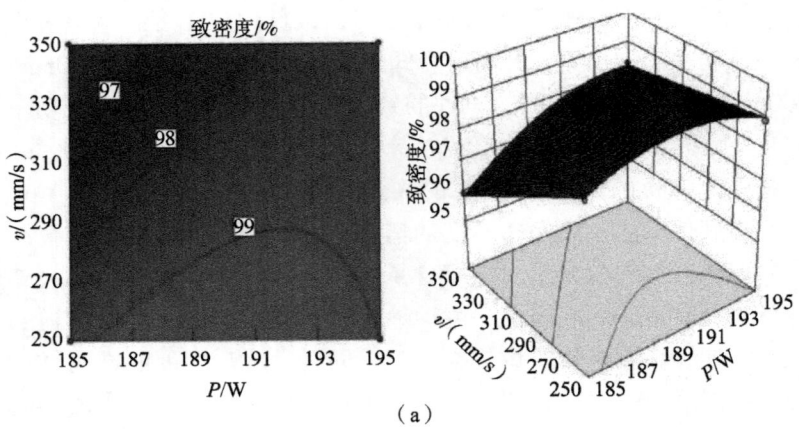

(a)

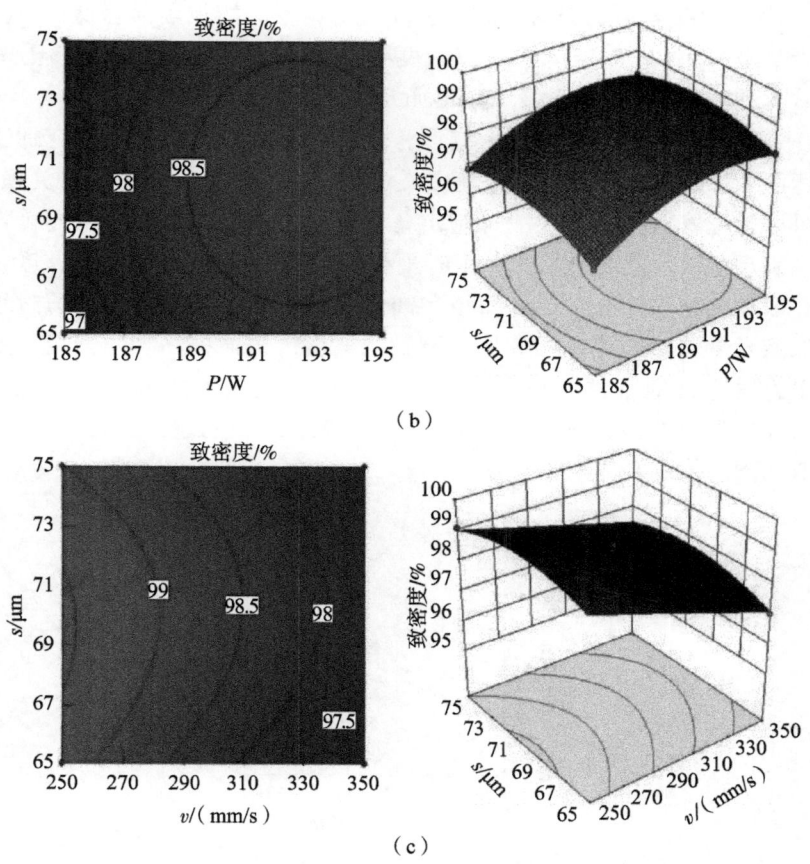

图 4-3 各因素交互作用的等高线与响应曲面

(a) 激光功率与扫描速度；(b) 激光功率与扫描间距；(c) 扫描速度与扫描间距。

扫描间距决定相邻熔道的搭接率，当扫描间距较小时，相邻熔道的重叠量较大。过高的激光功率或过低的扫描速度会导致相邻熔道的重叠部分发生二次熔化，不利于成型试件致密度的提高；当扫描间距较大时，相邻熔道的重叠量较小，较小的重叠量容易导致该层表面的粗糙度过高，同时，该层缺陷还会影响下一层的成型质量，缺陷通过逐层累积最终将降低整个试件的致密度。

加工速度对试件致密度的影响规律：当激光功率为160W、

170W 和 180W 时，试件的致密度随加工速度的增加逐渐降低；当激光功率为 190W 时，试件的致密度随加工速度的增加先小幅度升高后降低。当加工速度为 2.27cm³/h 时，试件的致密度最高。

火炮备件应急制造技术应具有快速制造的特点，所以研究加工速度 v 对成型试件性能的影响，分析成型时间和成型性能的关系，可以为维修保障人员在战时制定备件制造工艺提供依据，从而确定在满足备件性能要求情况下用时最少的 SLM 成型工艺。加工速度主要取决于扫描速度、扫描间距和铺粉层厚三个工艺参数，但通过增加激光器的功率可以有效地提高扫描速度，进而提高加工速度。所以为适应火炮备件的应急制造，应选择合适功率的激光器，保证 SLM 成型时的加工速度。SLM 成型 4Cr5MoSiV1 钢试样致密度的实际值和预测值关系如图 4-4 所示。

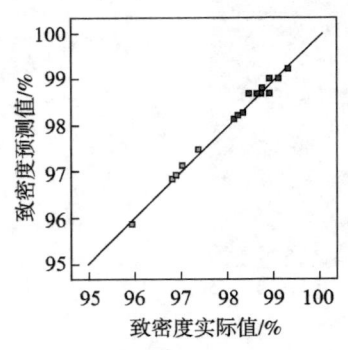

图 4-4　致密度预测值和实际值的对比关系

SLM 成型过程中的冷却凝固属于非平衡凝固，凝固过程中固-液界面的推进速度极快，在该条件下熔池凝固后极易产生过饱和固溶体，成型件显微组织与传统铸造件组织存在明显区别。当 $\eta=760\text{J/m}$ 时，SLM 成型 4Cr5MoSiV1 钢试样的显微组织试样顶部表面的显微组织主要分为熔池中心区、热影响区和过渡区三部分。其中：熔池中心区为尺寸相对均匀的胞状组织；热影响区为粗大的胞状组织，且晶粒内部存在少量的颗粒状第二相析出物；过渡区为尺寸细小的胞状组织，晶粒形状不规则，且晶界较宽。由图 4-5（b）可知，试样底部表面各区域的晶粒尺寸明显增大，熔池中心区晶粒内部开始析出少量颗粒状的第二相析出物，而热影响区晶粒内部第二相析出物的数量明显增多。由图4-5（c）和（d）可知，试样侧表面熔池内部为胞状组织，熔池边界区为柱状组织，且熔池边界区的晶粒生长方向与熔池边界基本垂直。

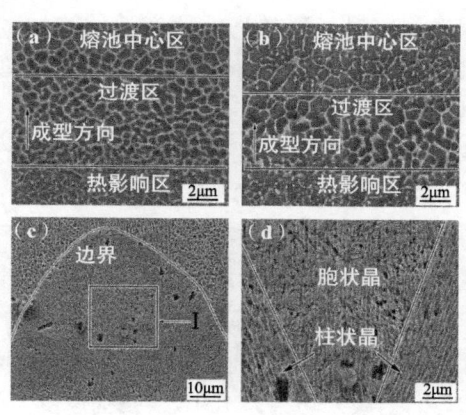

图4-5 试样的显微组织
(a) 顶部表面的显微组织；(b) 底部表面的显微组织；
(c) 侧表面的显微组织；(d) Ⅰ区域放大图。

SLM成型试样的显微组织与传统铸造件的显微组织存在明显差异，这与SLM成型过程中的形核机制及其生长过程密切相关。SLM成型过程中熔池的大部分热量通过已凝固金属及气体对流方式进行传导，沿垂直于熔池边界的方向具有最大的温度梯度、散热最快。由于晶粒主要依靠热量扩散驱动提供动力进行长大，晶粒的生长方向与最大散热方向相反，在侧表面中熔池边界晶粒的结晶方向垂直于熔池边界，并最终生长成柱状晶。SLM激光束的能量呈高斯分布的特点使熔池内产生流体流动的驱动力，主要包括浮力和表面张力梯度引起的剪切应力。熔池中流体流动的驱动力导致液态金属产生浮力对流和Marangoni对流，这种对流将熔池边界生长至熔池内部的柱状晶粒破碎成许多小的晶粒，促进熔池内部形成了均匀的胞状组织。

4.3.2 工艺参数对表面硬度的影响

采用洛氏硬度计测量块状试件的表面硬度，具体操作流程是：依次采用150目、300目和600目的砂纸对试件表面进行打磨处理；再将处理好的试件在抛光机上进行表面抛光处理；当试件表面平整、光亮、不存在明显划痕时，调整洛氏硬度计的施加载荷，在C标尺下进行试件的表面硬度测试；分别在试件表面的不同位置进行五次测试，记录测试结果并取平均值。

作图分析激光功率对表面硬度的影响规律，结果如图4-6所示。由图4-6可知，在扫描间距为0.06mm的情况下，当扫描速度为450mm/s和400mm/s时，试件的表面硬度随激光功率的增加逐渐升高；当扫描速度为300mm/s和350mm/s时，试件的表面硬度随激光功率的增加总体上表现为先升高后降低的趋势。在扫描间距为0.07mm和0.08mm的情况下，试件的表面硬度随激光功率的增加整体上表现为逐渐升高的趋势。当激光功率为180W、扫描速度为350mm/s、扫描间距为0.06mm时，试件的表面硬度最高为52.6HRC。

SLM成型试件的表面硬度随激光功率的变化规律和致密度随激光功率的变化规律大体一致。当激光功率较低时，金属粉末不能充分熔化，所以液态熔体的流动性、润湿性和铺展能力较差。最终成型的熔道连续性、一致性及搭接情况不理想，容易出现球化和孔隙，从而降低试件的致密度。在采用洛氏硬度计进行表面硬度测试时，硬度计压头的压入会在孔隙较多的区域发生塌陷，使得测试结果较低。随着激光功率的升高，金属粉末吸收的激光能量增加，所以液相量、润湿性、流动性和铺展能力增加。充足的激光能量使得枝晶增多、组织细小且排列均匀，实现了细晶强化，从而提高了表面强度。

扫描速度对试件表面硬度的影响规律如图4-6所示。由图4-6可知，在扫描间距为0.06mm的情况下，当激光功率为190W和180W时，试件的表面硬度随扫描速度的增加表现为先升高后降低的趋势；当激光功率为170W和160W时，试件的表面硬度随扫描速度的增加表现为逐渐降低的趋势。在扫描间距为 0.07mm 和 0.08mm 的情况下，试件的表面硬度随激光功率的增加总体上表现为逐渐降低的趋势。

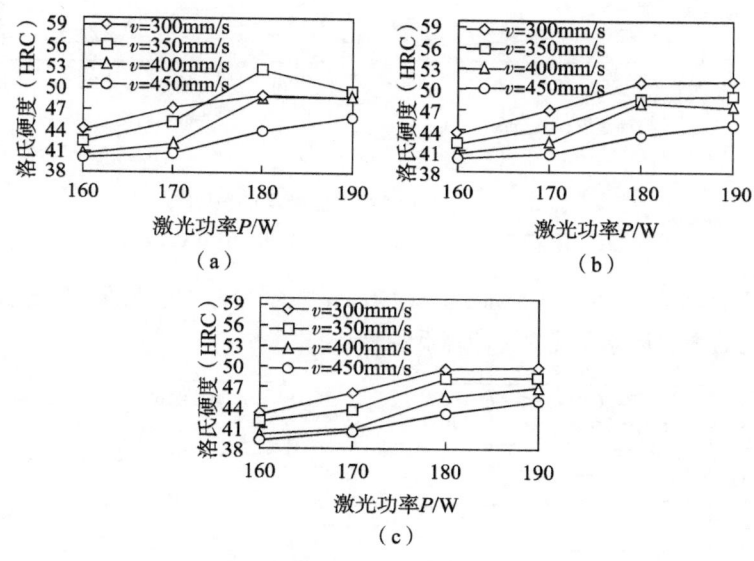

图 4-6　扫描速度对试件表面硬度的影响
（a）扫描间距 $S=0.06$mm；（b）扫描间距 $S=0.07$mm；（c）扫描间距 $S=0.08$mm。

当扫描速度较高时，金属粉末不能被充分熔化，造成试件的缺陷较多、表面硬度较差。当扫描速度较低且激光功率较高时，Marangoni 流的强度过高、球化倾向较大，而且过高的熔体温度会对周围粉末产生吸附作用，粉末的粘连会造成成型表面孔隙较多，从而降低试件的表面硬度。

扫描间距对表面硬度的影响规律如图 4-7 所示。

由图 4-8 可知，在激光功率和扫描速度保持不变时，试件的表面硬度随扫描间距的增加整体上变化程度较小。在扫描速度为 300mm/s 的情况下，当激光功率为 180W 和 190W 时，试件的表面硬度随扫描间距的增加表现为先升高后降低的趋势；当激光功率为 170W 和 160W 时，试件的表面硬度随扫描间距的增加表现为逐渐降低的趋势。当扫

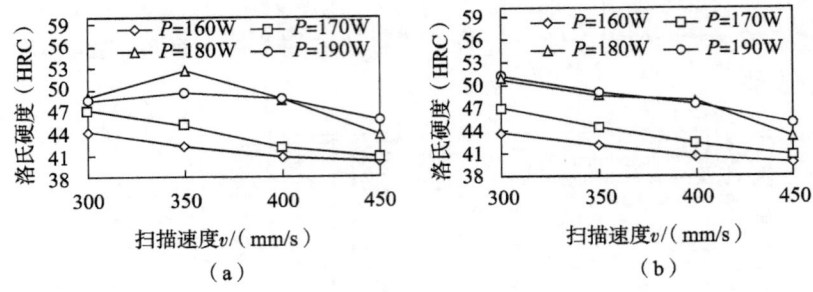

图 4-7 扫描速度对表面硬度的影响

(a) 扫描间距 $S=0.06$mm；(b) 扫描间距 $S=0.07$mm。

描速度为 300mm/s、400mm/s 和 450mm/s 时，试件的表面硬度随扫描间距的增加整体表现为逐渐降低的趋势。

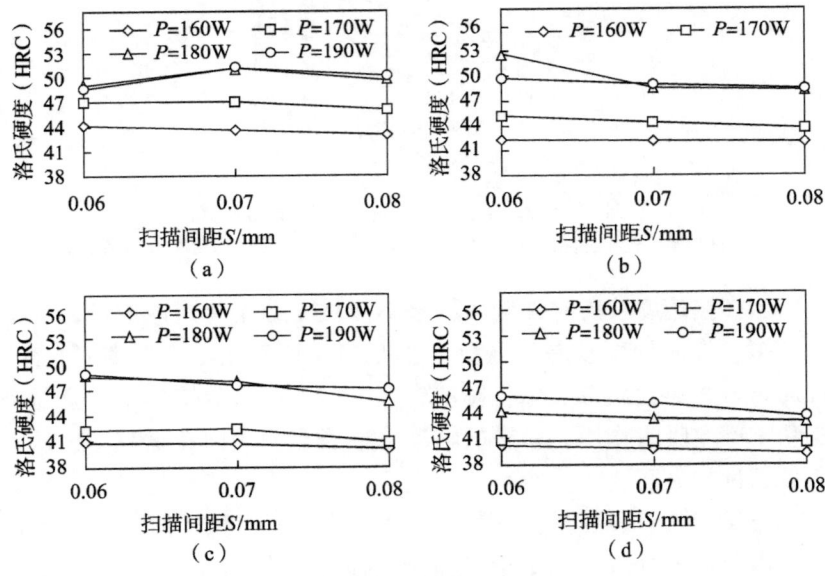

图 4-8 扫描间距对表面硬度的影响

(a) 扫描速度 $v=300$mm/s；(b) 扫描速度 $v=350$mm/s；
(c) 扫描速度 $v=400$mm/s；(d) 扫描速度 $v=450$mm/s。

加工速度对表面硬度的影响规律如图 4-9 所示。

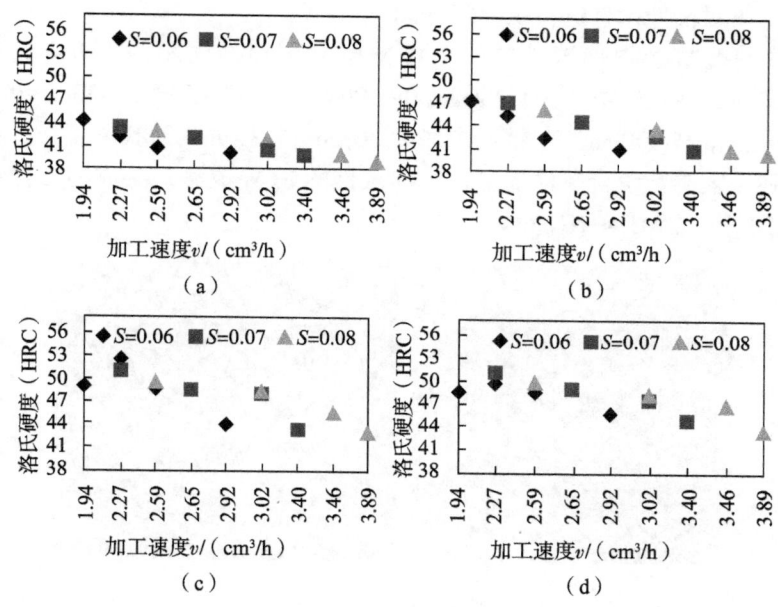

图 4-9 加工速度对表面硬度的影响
（a）$P=160W$；（b）$P=170W$；（c）$P=180W$；（d）$P=190W$。

由图 4-9 可知，当激光功率为 160W 和 170W 时，试件的表面硬度随加工速度的增加逐渐降低；当激光功率为 180W 和 190W 时，试件的表面硬度随加工速度的增加整体表现为先升高后降低的趋势。

加工速度过低时，金属粉末容易吸收较高的激光能量甚至二次熔化，从而产生过烧的现象；加工速度过高时，金属粉末吸收的激光能量不足将不能被充分熔化，同样不利于表面硬度的提高。

4.3.3 工艺参数对抗拉强度的影响

通过对块状试件的致密度和表面硬度研究发现，当激光功率较高、扫描速度较低、扫描间距合理时，试件的致密度和表面硬度较高。由于试件的力学性能对其内部缺陷较为敏感，而且试件的致密度较低时其内部缺陷较多，所以研究工艺参数对抗拉强度的影响时，选择成型试件致密度较高时的工艺参数组合进行拉伸试件的 SLM 成型，再对拉伸试件进行抗拉强度测试。

SLM 成型拉伸试件的工艺参数组合：扫描间距为 0.06mm 和 0.07mm；激光功率为 180W 和 190W；扫描速度为 300mm/s、350mm/s 和 400mm/s；铺粉层厚为 30μm；扫描方式为 S 形正交。在上述工艺参数组合条件下进行拉伸试件的 SLM 成型，共成型拉伸试件 12 个，如图 4-10 所示。

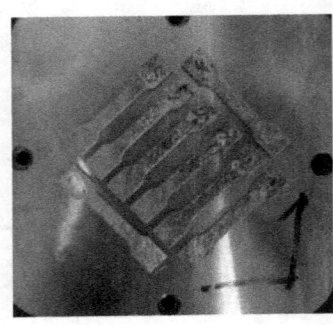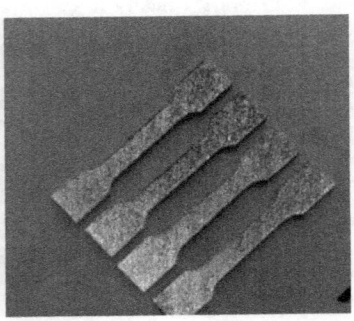

图 4-10　拉伸试件

采用拉伸试验机对拉伸试件进行抗拉强度测试，研究工艺参数对抗拉强度的影响规律。进行拉伸实验时，首先测量拉伸试件的原始标距、截面厚度和宽度，再将数据输入计算机系统，并设定拉伸速率为 2mm/min；然后依次对拉伸试件进行抗拉强度测试。抗拉强度测试结果如表 4-1 所列。

表 4-1　抗拉强度测试结果

功率及扫描间距	扫描速度		
	300mm/s	350mm/s	400mm/s
180W/0.06mm	772MPa	826MPa	797MPa
190W/0.06mm	649MPa	693MPa	715MPa
180W/0.07mm	651MPa	611MPa	560MPa
190W/0.07mm	760MPa	636MPa	602MPa

由表4-1可知，在扫描间距为0.06mm的情况下，抗拉强度随激光功率的增加而减小；在扫描间距为0.07mm的情况下，抗拉强度随激光功率的增加而升高。

扫描速度对试件抗拉强度的影响规律，在扫描间距为0.06mm的情况下，当激光功率为180W时，试件的抗拉强度随激光功率的增加表现为先升高后降低的趋势；当激光功率为190W时，试件的抗拉强度随激光功率的增加表现为逐渐升高的趋势。在扫描间距为0.07mm的情况下，试件的抗拉强度随激光功率的增加表现为逐渐降低的趋势。

由表4-1可知，在激光功率为180W、190W，扫描速度为300mm/s、350mm/和400mm/s的情况下，当扫描间距由0.06mm变为0.07mm时，试件的抗拉强度都有所减小。

加工速度对抗拉强度的影响规律，试件的抗拉强度随加工速度的增加整体上表现为先升高后降低的趋势，当加工速度为$2.27cm^3/h$、$P=180W$、$S=0.06mm$时，试件的抗拉强度最大。

4.3.4 工艺参数对断后伸长率的影响

对拉伸试件进行抗拉强度测试的同时，可以获取拉伸试件的断后伸长率。试件断后伸长率的测试结果如表4-2所列。

表4-2 断后伸长率测试结果

功率及扫描间距	扫描速度		
	300mm/s	350mm/s	400mm/s
180W/0.06mm	46.72%	44.18%	45.43%
190W/0.06mm	51.61%	48.49%	47.43%
180W/0.07mm	51.01%	48.34%	30.96%
190W/0.07mm	47.02%	49.22%	40.77%

由表4-2可知，在扫描间距为0.06mm的情况下，试件的断后伸长率随激光功率的升高而增加。在扫描间距为0.07mm的情况下，当扫描速度为300mm/s时，试件的断后伸长率随激光功率的增加而

减小；当扫描速度为 350mm/s 和 400mm/s 时，试件的断后伸长率随激光功率的增加而减小。

扫描速度对断后伸长率的影响规律，在扫描间距为 0.06mm 的情况下，当激光功率为 180W 时，试件的断后伸长率随扫描速度的增加表现为先降低后升高的趋势；当激光功率为 190W 时，试件的断后伸长率随扫描速度的增加表现为逐渐降低的趋势。扫描间距为 0.07mm 的情况下，当激光功率为 180W 时，试件的断后伸长率随扫描速度的增加表现为逐渐降低的趋势；当激光功率为 190W 时，试件的断后伸长率随扫描速度的增加表现为先升高后降低的趋势。

在扫描间距为 0.06mm 的情况下，当功率为 180W 和 190W 时，试件的抗拉强度较高，而且断后伸长率随扫描速度的变化趋势和抗拉强度随扫描速度的变化趋势相反。在扫描间距为 0.07mm 的情况下，试件的抗拉强度较低，而且断后伸长率变化规律不明显。这主要是由于试件内部缺陷较多，从而导致该试件的力学性能较差。

在激光功率为 180W、190W，扫描速度为 300mm/s、350mm/和 400mm/s，扫描间距为 0.06mm 和 0.07mm 的情况下，由于扫描间距的变化较小且取值较少，所以试件断后伸长率不存在明显的变化规律。

加工速度对断后伸长率的影响：断后伸长率随加工速度的增加整体上表现为逐渐降低的趋势。

4.3.5 耐磨性分析

磨损是由于零件之间的摩擦造成的，依据磨损机理存在的差异可将磨损分为磨粒、疲劳和黏着磨损等。目前，主要通过摩擦磨损试验研究材料的耐磨性。摩擦磨损试验分为实际使用试验、试验室试件试验以及模拟性台架试验。由于试验室试件试验的耗时较少、试验参数的可调整范围较大、数据的可重复性较高，所以本书选用试验室试件试验进行摩擦磨损试验。

摩擦磨损试验机包括四球式、环块式和销盘式试验机等，不同试验机的工作原理存在差异，一般通过测量摩擦系数、摩擦力、磨损量、摩擦温度等参数，从而确定材料的耐磨性。如测量磨损量时

第4章 炮钢材料应急制造工艺参数对成型件力学性能影响规律

可以通过测长法、称重法以及压痕法等方式进行测量。其中称重法是通过称量试件试验前、后的质量变化来确定材料的损失质量,测长法是通过测量摩擦的表面法向尺寸在试验前、后的变化量来测量磨损量。

通过销盘式试验机对 SLM 成型磨损试验试件进行磨损测试,测试过程中主要通过干滑动摩擦磨损的方式确定磨损率和工况之间的关系。目前,已有关于磨损较为通用、成熟的理论,磨损量主要和表面压力、速度和时间有关。

采用销盘式试验机进行耐磨性测试,通过称重法测量试样销的磨损量进而评价其耐磨性,测试过程中试样销固定不动,对磨盘通过旋转运动对试样销表面进行摩擦。测量实验前、后试样销的磨损量时采用精度为 0.1g‰ 的电子天平进行多次测量取均值,然后计算失重量,并用每千米失重量表示试样销的磨损量。试验机转数设置为 500r/min,载荷为 100N,磨损时间为 10min。因为试样销在对磨盘上做直径为 60mm 的圆周运动,所以对磨盘线速度为 0.785m/s。

由于试样销的耐磨性和致密度、硬度及韧性有关,所以成型试样销时选择较优的工艺参数组合:激光功率为 180W 和 190W、扫描速度为 300mm/s 和 350mm/s、扫描间距为 0.06mm、铺粉层厚为 0.03mm。采用上述工艺参数组合成型 4 个试样销,并对试样销的表面进行处理。加工完成的试样销如图 4-11 所示。对磨盘采用 GCr15 轴承钢材料,通过热处理后该材料的硬度为 55HRC。加工完成的对磨盘如图 4-12 所示。

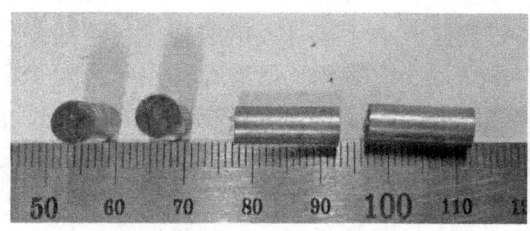

图 4-11 试样销

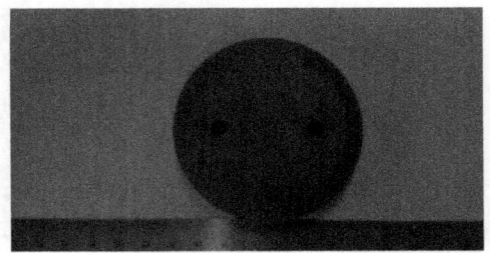

图 4-12 对磨盘

耐磨性测试结果如表 4-3 所列。由测试结果可知，当激光功率为 180W、扫描速度为 350mm/s 时，试件的磨损率最低为 20.159mg/km；当激光功率为 190W、扫描速度为 350mm/s 时，试件的磨损率最高为 21.615mg/km。当激光功率为 180W、扫描速度为 350mm/s、扫描间距为 0.06mm 时，成型试件的表面硬度和抗拉强度相对较高。

表 4-3 耐磨性测试结果

序号	工艺参数	磨损前质量/g	磨损后质量/g	磨损量/mg	磨损距离/km	磨损率/(mg/km)
1	190W，300mm/s	3.3070	3.2909	16.1	0.754	21.353
2	190W，350mm/s	3.3125	3.2962	16.3	0.754	21.615
3	180W，300mm/s	3.3106	3.2950	15.6	0.754	20.689
4	180W，350mm/s	3.3097	3.2945	15.2	0.754	20.159

4.3.6 冲击性能分析

材料的冲击性能定义为材料抵抗冲击载荷的能力，其中冲击载荷是指以较高的速度施加于零件上的载荷。当冲击载荷作用于零件时，零件产生的应力和应变相比静载荷作用时较大。所以零件在使用过程中要承受冲击载荷时，就必须对该材料的冲击性能进行研究。

冲击试验是一种动态的力学性能试验，该试验利用能量守恒的原理，将标准尺寸和形状的 V 形或 U 形缺口试件置于冲击试验机的试件支座，通过冲击载荷的作用使试件折断后，计算试件在被冲断过程中吸收的能量，从而确定其冲击性能。冲击试验对试件内部存在的缺陷较为敏感,它能够灵敏地反映试件存在的缺陷、微观组织的变化以及整体质量。

通过研究试件的致密度、表面硬度和拉伸性能可知,当激光功率为180W和190W、扫描速度为300mm/s和350mm/s、扫描间距为0.06mm时,试件的致密度、表面硬度、抗拉强度和断后伸长率整体水平较高;当工艺参数在其他范围时,试件的致密度、表面硬度抗拉强度和断后伸长率相对较低。因为试件的冲击性能对其内部缺陷较为敏感,所以选择激光功率为180W和190W、扫描速度为300mm/s和350mm/s、扫描间距为0.06mm、铺粉层厚为0.03mm的情况下成型4个V形缺口试件,并对试件的表面进行处理。

加工完成的冲击试件如图4-13所示。

图4-13 冲击试件

冲击韧性是指试件在冲击载荷的作用下脆化趋势及其程度,反映了试件对缺口的敏感性。所以采用摆锤冲击试验机进行试件冲击性能的测试,测量4个冲击试件的冲击吸收功并计算试件的冲击韧性。

4.3.7 结果分析

摆锤在冲断试件前、后的能量差等于试件被冲断时的冲击吸收功,试件的冲击韧性等于试件折断时的消耗功和试件横截面的面积之比,冲击韧性的计算公式为

$$\alpha_k = \frac{A}{bh}$$

试件的冲击吸收功和冲击韧性:当激光功率为190W、扫描速度为300mm/s时,试件的冲击韧性最大为85J/cm^2;当激光功率为180W、扫描速度为350mm/s时,试件的冲击韧性最小为57.5J/cm^2。

随着激光功率的降低、扫描速度的增加,金属粉末熔化-凝固后形成熔道的质量下降,成型试件的内部缺陷增多,所以致密度和冲击韧性降低。当激光功率为 190W、扫描速度为 300mm/s、扫描间距为 0.06mm 时,成型试件的致密度和断后伸长率较高,但抗拉强度相对较低。

4.4 炮钢材料应急制造件力学性能优化方法

4.4.1 成型高度对 4Cr5MoSiV1 钢力学性能的影响

4Cr5MoSiV1 钢试样成型后,采用线切割方式将顶部试样、中部试样和试样分离,再采用丙酮溶液进行超声清洗,SLM 成型 4Cr5MoSiV1 钢试样如图 4-14 所示。然后,对不同成型高度下试样的显微组织、显微硬度、拉伸性能、摩擦磨损性能和冲击韧性进行测试,从而确定最优成型高度。

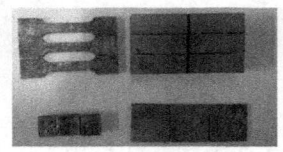

图 4-14　不同成型高度下 SLM 成型 4Cr5MoSiV1 钢试样

不同成型高度下试样的显微组织,顶部试样表面为相对均匀的胞状组织,晶粒尺寸细小;中部试样表面的胞状组织不均匀,晶粒粗化,且晶粒内部析出颗粒状的第二相析出物;底部试样表面胞状组织不均匀,晶粒明显粗化,且晶粒内部颗粒状第二相析出物数量增多。采用 Image Pro-plus 图像分析软件测量试样的平均晶粒尺寸,结果可知,随成型高度的增加,试样表面的晶粒尺寸逐渐减小。不同成型高度下试样的显微组织如图 4-15 所示。

热量会迅速传递到已凝固层中,后续热循环可改变已凝固层的温度和应力分布。SLM 成型过程中的快速冷却极易形成过饱和固溶体组织,而后续热循环使过饱和的 C 元素与 Fe、Cr 等金属元素形成碳化物

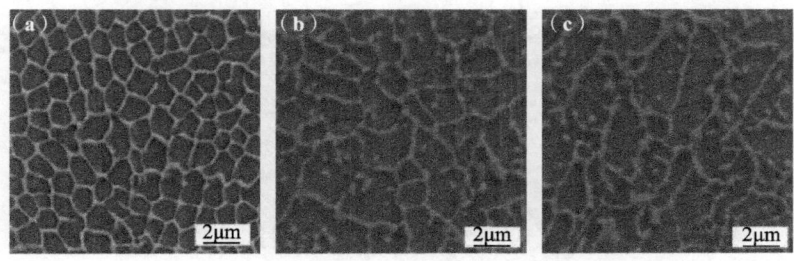

图 4-15 不同成型高度下试样的显微组织
(a) 顶部试样；(b) 中部试样；(c) 底部试样。

析出，从而在晶粒内部出现呈颗粒状分布的第二相析出物。在后续热循环过程中，已凝固层经过多次"回火"作用后各区域的晶粒尺寸均明显增大，晶粒内开始析出颗粒状第二相析出物。因此，底部试样表面晶粒明显粗化，且晶粒内颗粒状第二相析出物数量最多。

不同成型高度下 SLM 成型 4Cr5MoSiV1 钢试样的显微硬度，试样显微硬度随成型高度的增加呈逐渐升高的趋势。顶部试样的显微硬度最高，为 599.7HV；中部试样的显微硬度次之，为 586.5HV；底部试样的显微硬度最低，为 562.4HV。在 SLM 成型过程中，后续的热量传递和累积对试样已凝固层进行了多次、长时间的"回火"处理。已凝固层经"回火"处理后晶粒尺寸增大、形状不规则，且过饱和固溶体中的碳元素以碳化物形式析出，其细晶强化作用和固溶强化作用减小。底部试样经"回火"处理次数最多，其细晶强化和固溶强化作用明显减小，且底部试样缺陷数量较多，故显微硬度最低。不同成型高度下试样的拉伸性能测试结果如图 4-16 所示。

不同成型高度下试样的断口形貌如图 4-17 所示。由图 4-17 (a) 可知，顶部试样的断口中存在小尺寸解理面、撕裂棱和韧窝，表现为准解理断裂。由图 4-17 (b) 可知，中部试样的断口中存在小尺寸解理面、撕裂棱和少量的纤维状结构，且韧窝数量减少，韧性降低，表现为准解理断裂。由图 4-17 (c) 可知，底部试样的断口中存在大尺寸解理面、撕裂棱和大量纤维状结构，且韧窝数量较少，韧性最低，表现为以脆性断裂为主的准解理断裂。

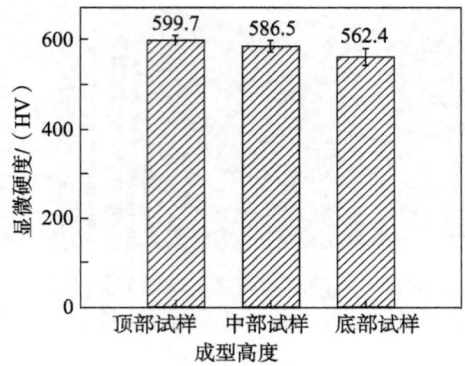

图4-16 不同成型高度下试样的显微硬度

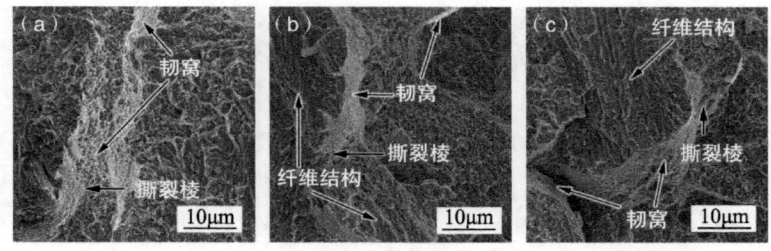

图4-17 试样的断口形貌
(a) 顶部试样;(b) 中部试样;(c) 底部试样。

根据不同成型高度下试样的显微组织特征以及晶粒尺寸与材料强度之间的关系可知,随成型高度的增加,试样的晶粒尺寸减小、晶界数量增多、位错运动受限程度增大,拉伸性能升高。同时,底部试样存在较多的孔隙缺陷,拉伸过程中易产生应力集中现象,降低了试样的拉伸性能。随成型高度的增加,后续熔池在Marangoni对流作用下对已形成的孔隙缺陷进行了填补,成型层的平整性不断提高。因此,顶部试样的拉伸性能最高。

图4-18为试样摩擦系数随时间的变化曲线。不同成型高度下试样的磨痕形貌如图4-19所示。由图4-19 (a) ~ (c) 可知,试样表面均存在明显的氧化层和氧化层剥落区。由图4-19 (d) 和 (f) 可知,该区域内存在明显的孔隙和裂纹等缺陷。不同成型高度下试样表面均存

在黏着坑、黏着轨迹和少量犁沟特征,试样的磨损机理以氧化磨损和黏着磨损为主,并伴有少量的磨粒磨损。随成型高度的增加,试样的显微硬度和冶金质量升高、晶粒细化,其氧化层和氧化层剥落区面积减少,磨损程度降低,故顶部试样的耐磨性最高。

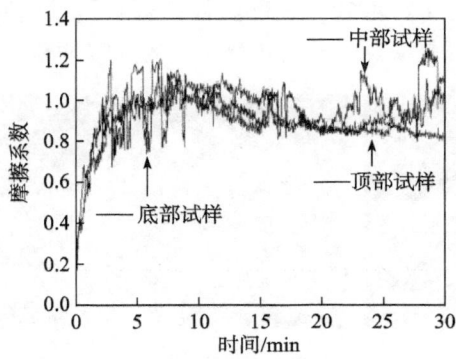

图 4-18 不同成型高度下试样的摩擦系数

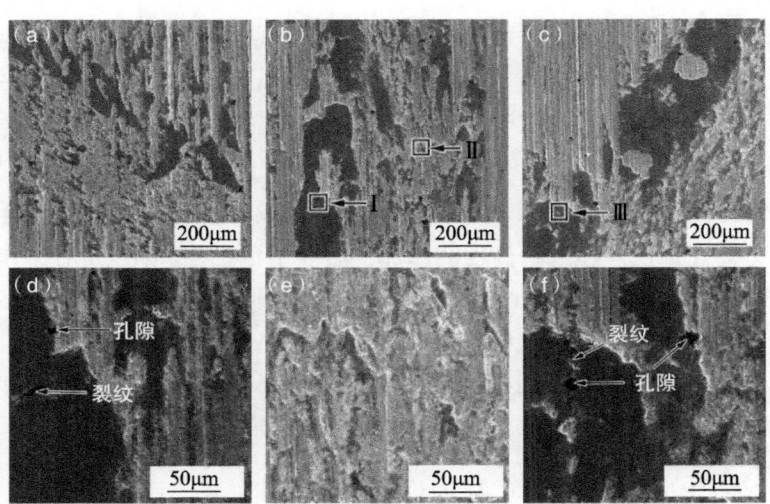

图 4-19 不同成型高度下试样的磨痕形貌
(a) 顶部试样;(b) 中部试样;(c) 底部试样;
(d) Ⅰ区域放大图;(e) Ⅱ区域放大图;(f) Ⅲ区域放大图。

不同成型高度下试样的断口形貌如图 4-20 所示。由图 4-20（a）可知，顶部试样的断口中存在解理面和较长的撕裂棱，且韧窝数量较多，表现为准解理断裂。由图 4-20（b）可知，中部试样的断口较为平整，存在解理面，且韧窝数量减少，韧性降低，表现为准解理断裂。由图 4-20（c）可知，底部试样的断口平整，存在解理面，且韧窝数量较少，表现为以脆性断裂为主的准解理断裂。

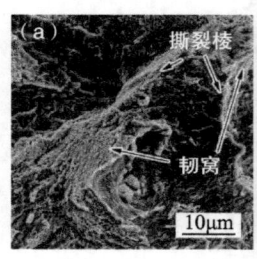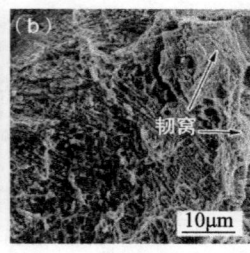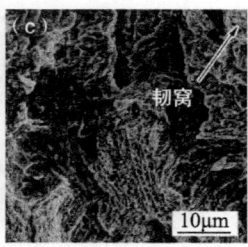

图 4-20　试样的断口形貌
（a）顶部试样；（b）中部试样；（c）底部试样。

底部试样与金属粉末直接接触，在 Marangoni 对流、重力和黏滞力作用下可造成熔池流动性降低。部分熔池液相渗入金属粉末产生间隙，从而出现大尺寸孔隙缺陷。同时，底部试样经多重后续热循环作用后，晶粒尺寸明显增大，晶粒内析出颗粒状第二相析出物，细晶强化、固溶强化和晶界强化作用明显减小。因此，底部试样的冲击韧性最低。随成型高度的增加，后续熔池在 Marangoni 对流作用下对已形成的孔隙进行了填补，成型层的平整性不断提高。同时，随成型高度的增加，已凝固层经历的后续热循环作用次数减少，晶粒细化、晶粒内第二相析出物数量减少，细晶强化、固溶强化和晶界强化作用增加。因此，顶部试样的冲击韧性最高。

4.4.2　成型角度对 4Cr5MoSiV1 钢力学性能的影响

4Cr5MoSiV1 钢试样成型后，将试样从基板分离，再采用丙酮溶液进行超声清洗，不同成型角度下 SLM 成型试样。对试样的摩擦磨损性能、冲击韧性、显微硬度和拉伸性能进行测试，分析不同成型角度下试样的显微组织特征,深入研究显微组织对力学性能的影响机理,从而确定最优成型角度。不同成型角度下 SLM 成型试样如图 4-21 所示。

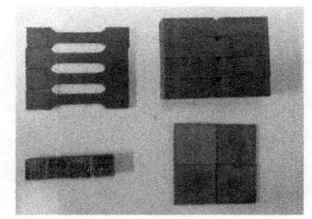

图 4-21　不同成型角度下 SLM 成型 4Cr5MoSiV1 钢试样

不同成型角度下试样的显微组织,试样表面为形状相对规则的胞状组织,且晶粒尺寸均匀、晶界连续。采用 Image Pro-plus 图像分析软件测量试样的平均晶粒尺寸,随成型角度的增加,晶粒尺寸略有减小。不同成型角度下试样的显微组织如图 4-22 所示。

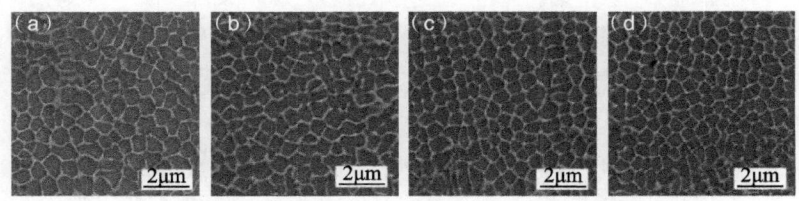

图 4-22　不同成型角度下试样的显微组织
(a) 0°；(b) 15°；(c) 30°；(d) 45°。

不同成型角度下试样的显微硬度,试样的显微硬度随成型角度增加呈逐渐升高的趋势。当成型角度为 45°时,试样显微硬度最高,为 611.5HV。随成型角度的增加,试样中心区域熔道之间的热影响延迟时间增加,熔道之间的热量累积程度降低,晶粒尺寸略有减小,细晶强化作用增强后显微硬度升高。不同成型角度下试样的显微硬度如图 4-23 所示。

试样的拉伸性能测试结果,随成型角度增加,试样的抗拉强度和断后伸长率均呈逐渐升高的趋势。当成型角度为 0°时,试样的抗拉强度和断后伸长率最低,分别为 1330.2MPa 和 12.0%。当成型角度为 45°时,试样的抗拉强度和断后伸长率最高,分别为 1465.4MPa 和 12.9%。

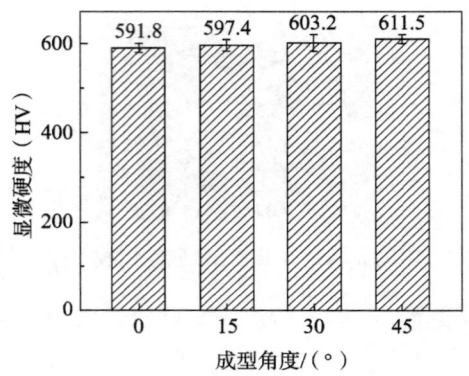

图 4-23 不同成型角度下试样的显微硬度

在拉伸过程中试样熔道边界受力分析如图 4-24 所示。图 4-24(a)为第 n 层和第 $n+1$ 层的扫描路径及受力分析情况;图 4-24(b)为第 $n+2$ 层和第 $n+3$ 层的扫描路径及受力分析情况。

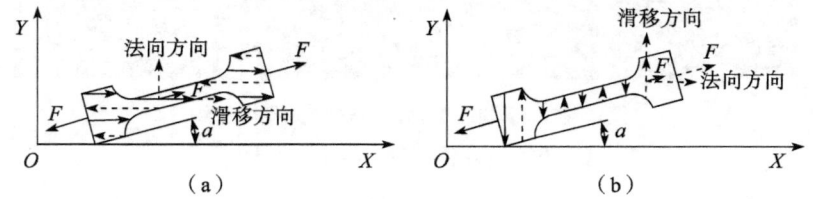

图 4-24 拉伸试样的受力分析图
(a)第 n 层和第 $n+1$ 层;(b)第 $n+2$ 层和第 $n+3$ 层。

层-层两侧的晶粒取向差别较小,而道-道两侧的晶粒取向区别明显。同时,道-道边界构成的界面中存在尖角接触,在拉伸过程中容易产生应力集中,从而形成裂纹源,并可沿熔道边界迅速扩展直至断裂,如图 4-25 所示。由于熔道边界为性能薄弱区域,因此,当分正应力值 σ_2 超过临界分正应力值 σ_k 时,将会导致试样沿熔道边界开裂。随 α 的减小，分正应力 σ_2 值增大，熔道间越容易发生开裂现象，试样的抗拉强度逐渐降低。

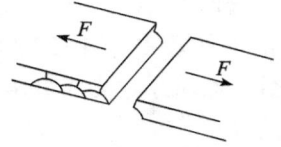

图 4-25　裂纹扩展路径

不同成型角度下 SLM 成型 4Cr5MoSiV1 钢拉伸试样的断口形貌如图 4-26 所示。由图 4-26（a）可知，0°成型角度下试样的断口存在解理面、纤维状结构和少量韧窝，表现为准解理断裂。由图 4-26（b）可知，15°成型角度下试样的断口存在小尺寸解理面、纤维状结构、撕裂棱和韧窝，表现为准解理断裂。由图 4-26（c）和（d）可知，30°和 45°成型角度下试样断口中的韧窝数量增加，且在 45°成型角度下试样断口的韧窝数量最多，尺寸较小，但 30°和 45°成型角度下试样断口中仍存在明显的纤维状结构，故表现为准解理断裂。

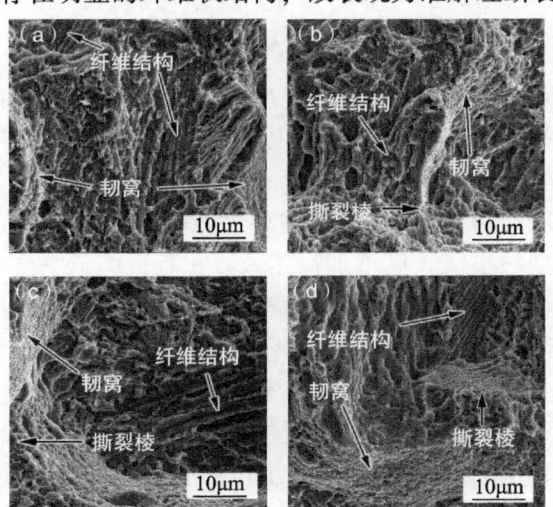

图 4-26　不同成型角度下试样的断口形貌
(a) 0°；(b) 15°；(c) 30°；(d) 45°。

不同成型角度下试样的摩擦磨损性能，随着成型角度的增加，试样的磨损率呈逐渐降低的趋势。当成型角度为45°时，试样的磨损率最低，为 $0.708\times10^{-10}\rm{kg\cdot N^{-1}\cdot m^{-1}}$。图4-27为不同成型角度下试样摩擦系数随时间变化的曲线。由图4-27可知，随成型角度的增大，试样的平均摩擦系数逐渐减小。当成型角度为45°时，试样的平均摩擦系数最小，且较为稳定。

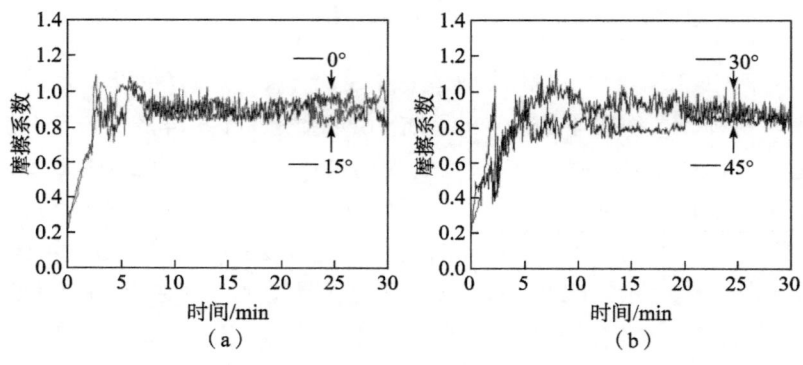

图4-27　不同成型角度下试样的摩擦系数
(a) 0°和15°; (b) 30°和45°。

图4-28为不同成型角度下磨损试样的磨痕形貌。由图4-28可知，磨损试样表面存在明显的氧化层和氧化层剥落区，同时存在黏着坑、黏着轨迹以及少量犁沟等特征，表明试样的磨损机理以氧化磨损和黏着磨损为主，并伴有少量的磨粒磨损。随成型角度的增加，试样中心区域扫描线长度增加，热量累积程度降低，残余应力水平提高，显微硬度增加，且试样的黏着磨损体积与显微硬度呈反比关系。因此，随成型角度的增加，磨损试样表面的氧化层和氧化层剥落区数量减少、面积减小，试样的耐磨性逐渐升高。

不同成型角度下试样的断口形貌如图4-29所示。由图4-29可知，不同成型角度下试样断口中均存在解理面、撕裂棱和韧窝，表现为准解理断裂。随成型角度的增加，试样断口中解理面数量减少、韧窝数量增加，其韧性不断提高。

第 4 章 炮钢材料应急制造工艺参数对成型件力学性能影响规律

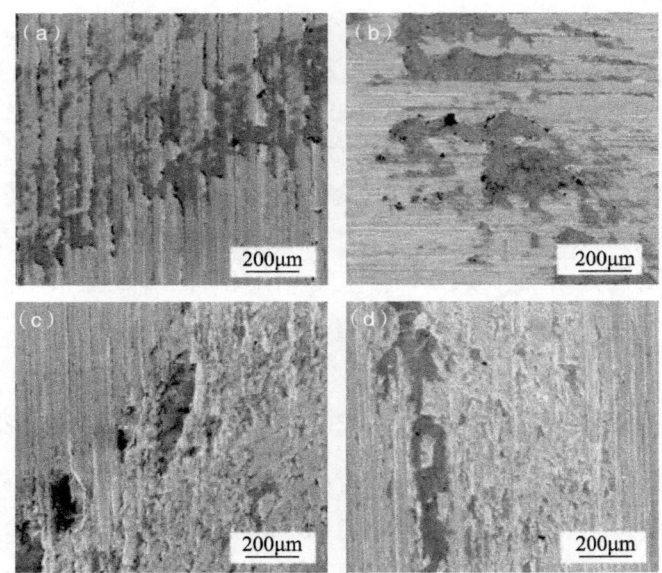

图 4-28 不同成型角度下试样的磨损形貌
(a) 0°;(b) 15°;(c) 30°;(d) 45°。

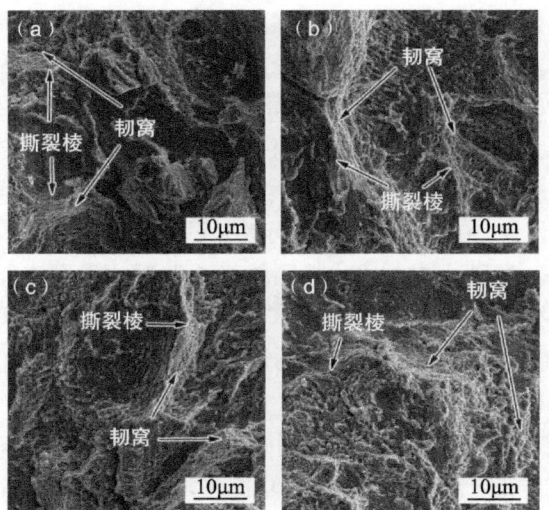

图 4-29 试样的断口形貌
(a) 0°;(b) 15°;(c) 30°;(d) 45°。

由 SLM 成型熔道纵截面的显微组织特征可知，熔道内部区域为均匀的胞状晶，熔道的边界区域为垂直边界生长的柱状晶。在第 n 层和第 $n+1$ 层内，当成型角度为 0°时，试样的断裂面与熔道纵截面平行，边界区域的柱状晶生长方向与断裂面方向一致，断裂过程中经晶界数量较少，裂纹易扩展。随着成型角度 α 的增加，断裂面与边界区域柱状晶生长方向的夹角增大，断裂过程中经晶界数量增多、消耗冲击能量增加，裂纹不易扩展。因此，随着成型角度的增加，试样的冲击韧性逐渐升高。当成型角度为 45°时，试样的冲击韧性最高。

4.4.3 激光重熔对 4Cr5MoSiV1 钢的力学性能的影响

试样的表面形貌，未经激光重熔试样表面存在大量的球状颗粒和不规则状颗粒，且该试样的熔道边界不清晰、平行性较差，各熔道内均存在相互平行的弧形波纹。由图 4-30（b）可知，经 $\eta=190J/m$ 激光重熔后，试样表面球状颗粒、不规则状颗粒和弧形波纹数量明显减少。由图 4-30（c）可知，经 $\eta=238J/m$ 激光重熔后，试样表面存在少量球状颗粒，熔道内的弧形波纹基本消失，且熔道边界清晰、平行性较高。由图 4-30（d）可知，经 $\eta=317J/m$ 激光重熔后，试样表面球状颗粒数量进一步减少。由图 4-30（e）和（h）可知，经 $\eta=475J/m$ 激光重熔后，试样表面仅存在少量小尺寸球状颗粒，试样表面较为平整。图 4-30（f）和（g）为未经激光重熔试样表面形貌的局部放大图。由图 4-30（f）和（g）可知，试样表面的球状颗粒主要存在两种形式：一是尺寸较大的球状颗粒，该类颗粒球形度较高，且颗粒底部黏附了少量小尺寸球状颗粒和不规则状颗粒；二是尺寸较小的球状颗粒，该类颗粒呈近似球形。不规则状颗粒的尺寸较小，主要呈不规则片状、条状或絮状。

不同激光重熔条件下试样的抗拉强度和断后伸长率结果，经激光重熔后试样的抗拉强度和断后伸长率均增加，且随激光重熔线能量密度的增加，试样的抗拉强度和断后伸长率均表现为先升高后降低的趋势。当激光重熔线能量密度 $\eta=238J/m$ 时，试样的抗拉强度

第 4 章 炮钢材料应急制造工艺参数对成型件力学性能影响规律

和断后伸长率最高,分别为 1543.8MPa 和 13.6%。

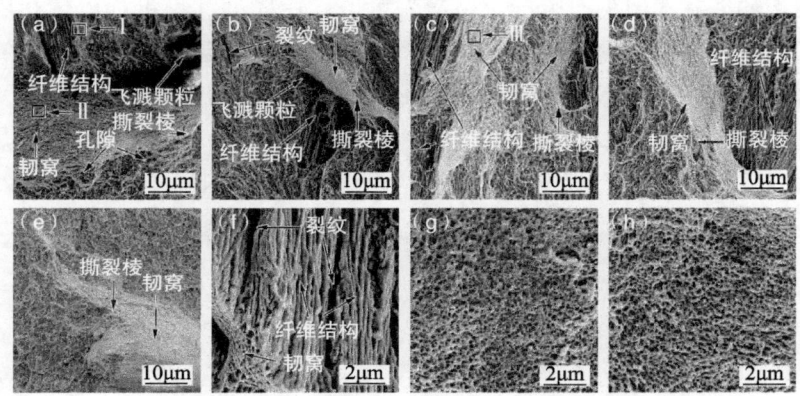

图 4-30 不同激光重熔条件下试样的断口形貌
(a) 未经激光重熔;(b) $\eta=190$J/m;(c) $\eta=238$J/m;(d) $\eta=317$J/m;
(e) $\eta=475$J/m;(f) Ⅰ区域放大图;(g) Ⅱ区域放大图;(h) Ⅲ区域放大图。

SLM 成型 4Cr5MoSiV1 钢的块状试样、冲击试样、拉伸试样和磨损试样,SLM 成型过程中利用低能量密度激光束对已凝固层进行激光重熔,优化试样的力学性能。SLM 成型工艺参数:激光功率 $P=190$W;扫描速度 $v=210$mm/s;铺粉层厚 $h=25$μm;扫描间距 $s=70$μm;扫描策略为 S 形正交;成型角度为 45°。定义激光重熔线能量密度为 η ($\eta=P/v$),激光重熔过程中通过调整扫描速度改变激光重熔线能量密度。设计未经激光重熔以及不同激光重熔线能量密度共 5 组工艺参数组合。

4Cr5MoSiV1 钢试样成型后,将试样从基板分离,4Cr5MoSiV1 钢试样。再对试样的冲击韧性、摩擦磨损性能、显微硬度和拉伸性能进行测试,然后分析不同激光重熔线能量密度下试样的显微组织和表面形貌特征,深入研究组织对力学性能的影响机理,从而确定最优激光重熔工艺(图 4-31)。

磨损试样的磨痕形貌如图 4-32 所示。由图 4-32(a)可知,未经激光重熔试样的磨损机理以氧化磨损和黏着磨损为主,并伴有少量的磨粒磨损。由图 4-32(b)~(e)可知,经激光重熔后试样表面的氧化层和氧化层剥落区面积明显减少，黏着坑和黏着轨迹减少，犁沟特征基本消失。因此，经激光重熔后试样的磨损机理以氧化磨损为主，并伴有少量的黏着磨损。当激光重熔线能量密度 $\eta=238J/m$ 时，试样的磨痕宽度和氧化层剥落区面积最小，磨损程度最低。

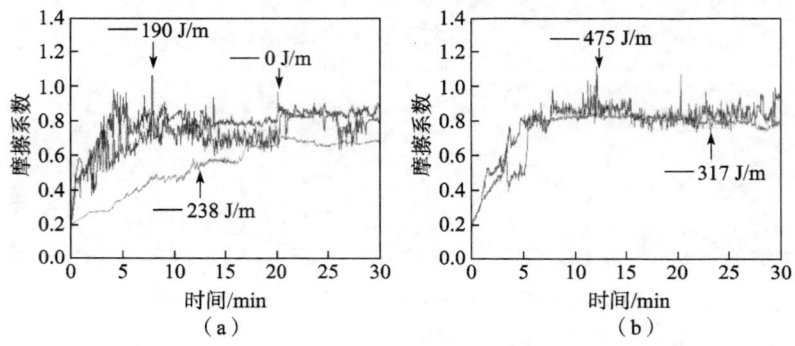

图 4-31　试样的摩擦系数
（a）未经激光重熔，$\eta=190J/m$ 和 $\eta=238J/m$；（b）$\eta=317J/m$ 和 $\eta=475J/m$。

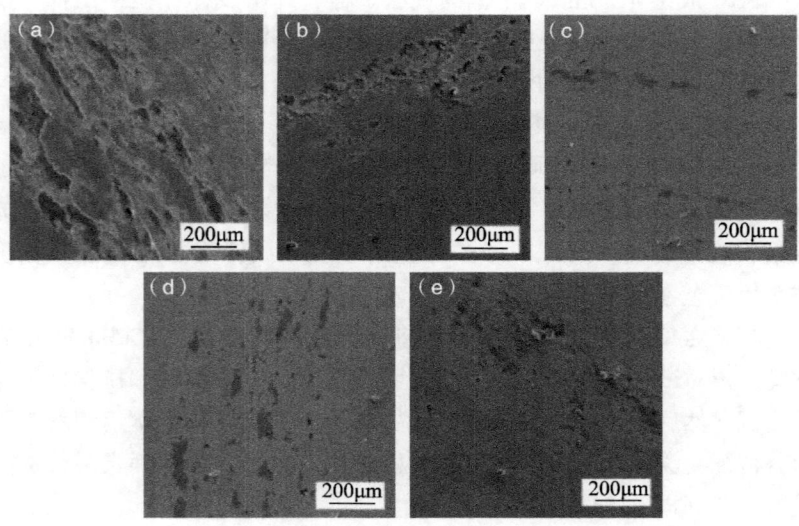

图 4-32　试样的磨痕形貌
（a）未经激光重熔；（b）$\eta=190J/m$；（c）$\eta=238J/m$；（d）$\eta=317J/m$；（e）$\eta=475J/m$；（f）Ⅰ区域放大图；（g）Ⅱ区域放大图；（h）Ⅲ区域放大图。

第4章 炮钢材料应急制造工艺参数对成型件力学性能影响规律

J. F. Archard 等研究表明，试样的黏着磨损体积与显微硬度呈反比关系。由力学性能测试结果可知，4Cr5MoSiV1 钢试样经激光重熔后其显微硬度、抗拉强度和断后伸长率均升高，且各项力学性能随激光重熔线能量密度的增加均表现为先升高后降低的趋势。当激光重熔线能量密度 $\eta=238 \text{J/m}$ 时，试样的显微硬度、抗拉强度和断后伸长率均最高。同时，在该条件下，试样的冶金质量较高、晶粒无明显粗化。因此，当激光重熔线能量密度 $\eta=238 \text{J/m}$ 时，试样的耐磨性最高。

不同激光重熔条件下拉伸试样的断口形貌，未经激光重熔试样的断口中存在大尺寸飞溅颗粒、孔隙缺陷、纤维状结构、撕裂棱和韧窝，表现为准解理断裂。试样经线能量密度 $\eta=190 \text{J/m}$ 的激光重熔后，试样断口中存在飞溅颗粒、裂纹缺陷、纤维状结构、撕裂棱和韧窝，表现为准解理断裂。试样经线能量密度 $\eta=238 \text{J/m}$、$\eta=317 \text{J/m}$、$\eta=475 \text{J/m}$ 的激光重熔后，试样的断口均存在明显韧窝，其断裂机理均表现为以韧性断裂为主的准解理断裂。试样断口中存在大量平行状纤维结构，该结构为穿晶断裂产物，其边界处为平面分明的解理台阶，且结构中存在明显的裂纹缺陷。激光重熔线能量密度 $\eta=238 \text{J/m}$ 时，试样断口中的韧窝较为均匀，且深度较深。由于激光重熔线能量密度 $\eta=238 \text{J/m}$ 时，试样的断口中无明显飞溅颗粒和孔隙缺陷，平行状纤维结构较少，且韧窝数量较多，故该条件下试样的拉伸性能最高。

未经激光重熔试样的晶粒尺寸最小、晶界数量最多、位错运动受限程度最高，理论上该试样在拉伸实验过程中易产生塑性变形，其抗拉强度应最高。由实验结果可知，未经激光重熔试样的抗拉强度最低，且随激光重熔线能量密度的增加，试样抗拉强度表现为先升高后降低的趋势。因此，细晶强化和晶界强化作用仅是影响试样抗拉强度的因素之一。

SLM 成型过程中产生的缺陷与已凝固层结合面可成为试样的性能薄弱区，直接降低了试样道-道和层-层间的结合强度。在拉伸实验过程中，拉应力的作用可造成试样性能薄弱区产生较大的应力集中现象，极易形成断裂源并逐渐扩展，从而导致组织呈现出明显的脆性，使断口中产生大量平行状纤维结构和大尺寸解理面等。同时，性能薄弱区降低了试样表面抵抗塑性变形的能力，导致其显微硬度较低。因此，SLM 成型试样道-道和层-层之间的冶金质量也是决定其力学性能的主要因素之一。当激光线能量密度 η<238J/m 时，试样的冶金质量较高，且变化较小。但随激光重熔线能量密度的增加，试样的晶粒明显粗化。当激光重熔线能量密度 η=238J/m 时，试样冶金质量较高、晶粒尺寸较小、晶粒分布均匀，故该条件下试样的显微硬度和拉伸性能最高。

4.4.4 回火处理对 4Cr5MoSiV1 钢力学性能的影响

不同热处理条件下 SLM 成型 4Cr5MoSiV1 钢试样的显微组织，未热处理 4Cr5MoSiV1 钢试样表面为均匀的胞状组织，晶粒细小，晶界连续；200℃低温回火后，晶粒内部出现大量条状和不规则块状碳化物；400℃中温回火后，晶粒内部条状碳化物减少，块状碳化物增多且分布不均匀；450℃中温回火后，晶粒内部条状碳化物基本消失，主要为细小且均匀分布的颗粒状碳化物和少量块状碳化物；550℃高温回火后，晶粒形状不规则，晶界不连续，晶粒内部主要为大尺寸块状碳化物；600℃高温回火后，晶粒内部碳化物尺寸减小，但晶粒形状不规则，晶界不连续；550℃和600℃二次回火后，晶粒内部碳化物数量减少且尺寸较小，晶界呈不连续的链状结构。

由于在低、中温回火时碳元素扩散能力强，高温回火时碳元素扩散能力降低、合金元素扩散能力增加，因此，低温回火时，过饱和碳元素开始以碳化物的形式从马氏体中析出，析出物主要为渗碳体；中温回火时，过饱和碳元素基本全部从马氏体中脱溶，析出物主要为渗碳体，且随回火温度的升高渗碳体尺寸减小；高温回火时，合金元素扩散能力增强，析出物主要为合金渗碳体。但合金渗碳体为非稳定相，故随回火温度的升高，逐步析出稳定的合金碳化物；二次回火后晶粒内部碳化物减少且尺寸较小，使得组织更加均匀、稳定。

图4-33 为不同热处理条件下 4Cr5MoSiV1 钢试样的显微硬度测试结果。由图 4-33 可知，未经热处理 4Cr5MoSiV1 钢试样的显微硬度值最高，为 650.4HV。经回火处理后，试样的显微硬度均降低。随一次回火温度的增加，试样的显微硬度表现为先增加后降低的趋

势。550℃和600℃二次高温回火处理后试样的显微硬度较550℃和600℃高温回火后略有升高。在所有回火处理方式中，450℃中温回火后试样的显微硬度较高，为631.6HV。

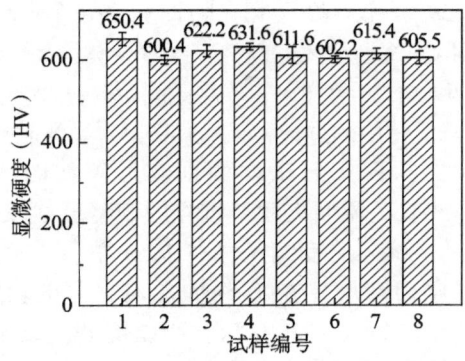

图4-33　不同热处理条件下试样显微硬度

采用Image Pro-Plus图像分析软件对SLM成型试样及回火处理后试样的晶粒尺寸d进行多次测量后取平均值，结果可知，随着一次回火温度的升高，试样的晶粒尺寸逐渐增大；550℃二次回火后晶粒尺寸较550℃一次回火后有所增加；600℃二次回火后晶粒尺寸明显增大。

4Cr5MoSiV1钢中的Mn、Ni、Cr等合金元素降低了马氏体的临界冷却速度，使得SLM的冷却速度极易达到马氏体的临界冷却速度，故冷却过程中发生了淬火效应，最终形成马氏体。同时，在较高温度梯度和冷却速度下，部分合金元素固溶于奥氏体中，提高了过冷奥氏体的稳定性，使得少量奥氏体未及时转变为马氏体而形成残余奥氏体。SLM成型4Cr5MoSiV1钢试样及回火处理后试样的X射线衍射（XRD）图谱。通过分析XRD图谱可知，SLM成型4Cr5MoSiV1钢试样的组织主要为马氏体和少量残余奥氏体。其中马氏体是碳在α-Fe中的过饱和固溶体，残余奥氏体是碳在γ-Fe中的间隙固溶体，两者均为非平衡组织。由于4Cr5MoSiV1钢原始粉末中碳元素含量较低且SLM成型过程中存在碳元素的烧蚀，故未检测出碳化物的衍射峰。

采用参考卡片强度比例方法计算马氏体和残余奥氏体的质量分数。未经热处理试样的残余奥氏体质量分数最高为0.933%。随回火温度和回火次数的增加,残余奥氏体含量逐渐降低,马氏体含量逐渐增加。经 600℃高温回火及 600℃二次回火后,试样中的残余奥氏体全部完成转变。

未经热处理 4Cr5MoSiV1 钢试样及回火处理后 4Cr5MoSiV1 钢试样的 α-Fe 衍射峰 2θ 角和半峰全宽,随回火温度和回火次数的增加,α-Fe 衍射峰 2θ 角呈逐渐增大的趋势,半峰全宽呈逐渐降低的趋势。回火处理后 α-Fe 衍射峰 2θ 角增大,故晶面间距 d 减小。晶面间距的减小表明回火处理后马氏体中的过饱和碳元素析出,导致晶格畸变程度减小。

高温回火和二次回火后试样的韧窝形貌如图 4-34 所示。由图 4-34 可知,550℃高温回火后,试样的韧窝尺寸较小,深度较浅;600℃高温回火后,试样的韧窝尺寸在 1μm 左右,深度增加;550℃二次回火后,试样韧窝尺寸在 1.5μm 左右,深度较深;600℃二次回火后,韧窝尺寸在 2μm 左右,深度明显增大,故该回火方式下试样的断后伸长率最高。

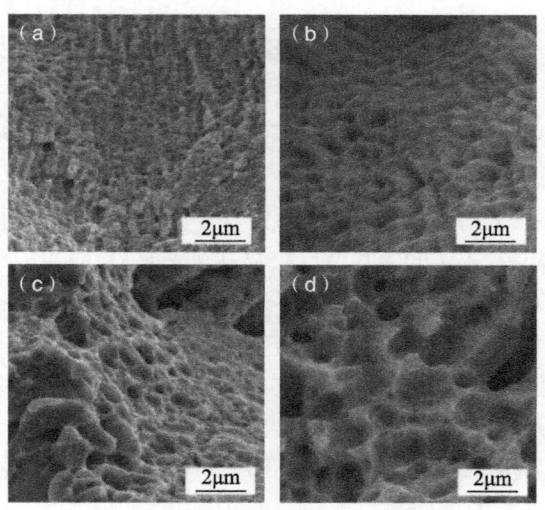

图 4-34　试样的韧窝形貌

(a) 550℃/2h;(b) 600℃/2h;(c) 550℃/2h+550℃/2h;(d) 600℃/2h+600℃/2h。

马氏体中的过饱和碳元素以碳化物的形式析出,且随回火温度和回火次数的增加,马氏体逐步分解为低过饱和的 α-Fe+碳化物,其晶格畸变程度逐渐降低,晶面间距 d 逐渐减小,衍射峰 2θ 角逐渐

第4章 炮钢材料应急制造工艺参数对成型件力学性能影响规律

增大。经600℃高温回火及600℃二次高温回火后,残余奥氏体全部完成转变,但600℃二次回火后,α-Fe 的 2θ 角较大。结果表明,随回火温度和次数增加,过饱和碳元素继续析出,晶格畸变程度进一步降低,直至低过饱和的 α-Fe 全部分解为稳态的 α-Fe+碳化物。同时,随回火温度和次数增加,γ-Fe 含量降低,α-Fe 含量增加。表明残余奥氏体经回火处理后,也逐步转变为稳态的 α-Fe+碳化物。

因此,SLM 成型 4Cr5MoSiV1 钢试样的回火过程主要包括马氏体的分解、残余奥氏体的转变以及碳化物析出三个部分,并最终形成铁素体+碳化物。图 4-35 为不同热处理条件下试样摩擦系数随时间的变化曲线。由图 4-35 可知,未经回火处理试样的平均摩擦系数最低,且较为稳定。经回火处理后试样的平均摩擦系数升高,且摩擦系数波动增加。

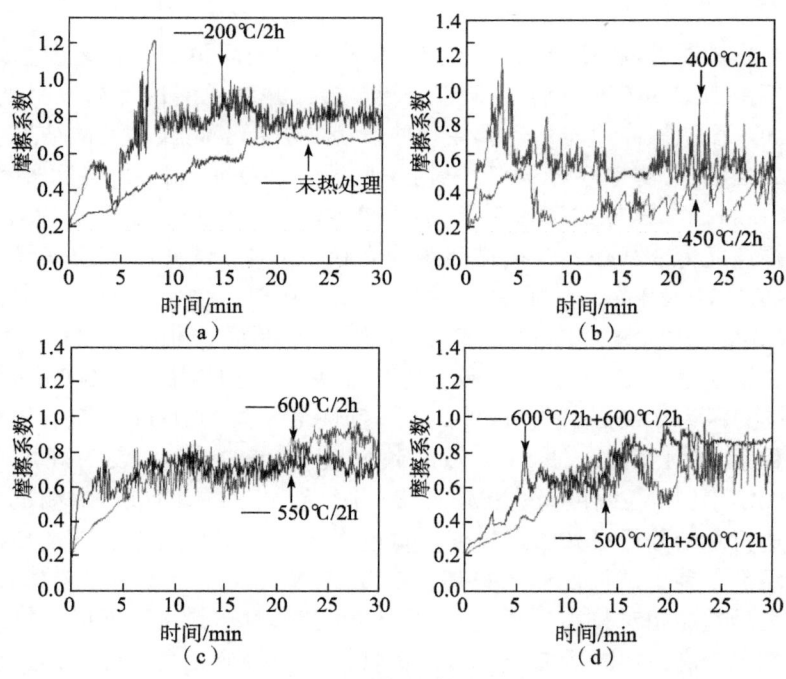

图 4-35 试样的摩擦系数

(a) 未热处理和200℃/2h;(b) 400℃/2h 和450℃/2h;
(c) 550℃/2h 和600℃/2h;(d) 550℃/2h+550℃/2h 和600℃/2h+600℃/2h。

不同热处理条件下 4Cr5MoSiV1 钢试样的断口形貌,试样断口中均存在解理面、撕裂棱和韧窝,表现为准解理断裂。随回火温度和回火次数增加,断口中撕裂棱长度增加、韧窝数量增多,韧性逐渐增加。经 550℃ 和 600℃ 高温回火以及 550℃ 和 600℃ 二次高温回火后,试样断口中的韧窝数量明显增多,且解理面数量减少,试样的断裂机理逐渐过渡为以韧性断裂为主的准解理断裂。经回火处理后试样的残余应力水平降低,其内部的缺陷密度减小。同时,SLM 快速凝固过程中产生的马氏体经回火处理后逐渐分解,马氏体内部存在的大量位错消除。随回火温度和回火时间的增加,马氏体和残余奥氏体逐渐形成铁素体+碳化物,故冲击韧性逐渐提高。

4.5 本章小结

本章通过调整激光功率、扫描速度及扫描间距 3 个工艺参数进行不锈钢 17-4PH 的 SLM 成型工艺实验,并对成型试件的致密度、表面硬度、拉伸性能、耐磨性和冲击韧性进行了测试。测试结果表明,当激光功率为 190W、扫描速度为 300mm/s、扫描间距为 0.07mm 时,试件的致密度最高为 99.831%;当激光功率为 180W、扫描速度为 350mm/s、扫描间距为 0.06mm 时,试件的磨损率最低为 20.159mg/km、表面硬度最高为 52.6HRC、抗拉强度最高为 826MPa,此时试件的致密度为 99.189%、断后伸长率为 44.18%、冲击韧性为 57.57J/cm^2;当激光功率为 190W、扫描速度为 300mm/s、扫描间距为 0.06mm 时,试件的冲击韧性最大为 85J/cm^2、断后伸长率最大为 51.61%,此时试件的致密度为 99.753%、表面硬度为 48.6HRC、抗拉强度为 649MPa、磨损率为 21.353mg/km。对测试结果进行总结分析可知,过高或过低的激光功率、扫描速度以及扫描间距都不利于试件性能的提高;在 SLM 成型试件的致密度较高时,其力学性能相对较高;当试件的耐磨性较高时,其表面硬度和抗拉强度也较高,但断后伸长率和冲击韧性相对较低;当试件的冲击韧性较高时,其断后伸长也率较高,但抗拉强度、表面硬度和耐磨性相对较低。

第 5 章
典型火炮装备零部件应急制造质量控制及优化

5.1 引 言

优化 SLM 成型 4Cr5MoSiV1 钢的力学性能，使其满足火炮备件的使用性能要求是基本前提。同时，SLM 成型火炮备件还需保证良好的尺寸精度和形状精度。因此，本章在 SLM 成型 4Cr5MoSiV1 钢力学性能优化的基础上，研究 SLM 成型火炮备件典型特征结构的成型极限尺寸，分析成型方向和扫描策略等因素对尺寸精度、形状精度和表面粗糙度的影响规律，优化典型特征结构的成型质量，提出典型特征结构的设计规则。同时，支撑结构设计是 SLM 成型火炮备件的重要环节，支撑结构参数直接影响悬垂面成型质量和去除难度。因此，本章研究支撑结构对悬垂面成型质量的影响，优化支撑结构参数，从而为提高 SLM 成型火炮备件的成型质量提供基础与依据。

5.2 支撑结构对成型质量的影响

SLM 的支撑结构是复杂结构零件顺利成型的必要部分，该结构可有效避免悬垂结构成型过程中出现熔池塌陷和翘曲变形等缺陷，从而保证零件的尺寸精度和形状精度。SLM 成型过程中添加支撑结构可以实现以下功能。

1. 减少机加工流程

未添加支撑结构的 SLM 成型零件需采用线切割的方式将零件与基板进行分离，该方式增加了加工流程。由于支撑结构与零件间为点接触，SLM 成型后可通过尖嘴钳将零件分离，该方式有效减少了加工流程。

2. 减小尺寸误差

未添加支撑结构的 SLM 成型零件需采用线切割的方式进行分离，线切割可导致与基板垂直方向上产生尺寸误差。同时，基板的位置未调至水平、铺粉装置刮片与基板间距精度低等因素均可导致零件产生尺寸误差。在 SLM 成型过程中通过添加支撑结构，可有效减少上述因素产生的尺寸误差。

3. 避免翘曲变形

SLM 极高的熔化和凝固速率可产生残余应力，缺乏支撑结构的悬垂结构在成型过程中更易出现翘曲变形。同时，铺粉装置刮片与缺乏支撑结构的已凝固层摩擦后，可导致已凝固层的边界产生翘曲变形。通过添加支撑结构可实现固定连接作用，有效避免翘曲变形的产生。

4. 实现支撑作用

SLM 成型过程中，液态熔池在 Marangoni 对流、浮力对流和重力的作用下部分渗入到金属粉末内，从而产生熔池塌陷现象。通过添加支撑结构可有效提高支撑作用，避免液态熔池渗入到金属粉末内部，从而提高成型质量。

5. 实现热量传递

SLM 成型过程中已凝固层吸收了大量热量，而金属粉末导热率仅为实体的 1%。通过添加支撑结构可将热量及时传递至基板，避免热量累积产生残余应力。同时，支撑结构及时将热量传递后可有效减小熔池热量累积，避免熔池增大和塌陷等现象。

国内外学者普遍采用 Magics 软件设计 SLM 支撑结构，该软件支持支撑结构的自动生成以及后续手动调整的功能。目前，常用的支撑结构类型主要包括点状支撑、块状支撑、网状支撑和轮廓支撑等，主要支撑结构类型如图 5-1 所示。其中点状支撑与零件的接触面积很小,去除难度较低,主要适用小尺寸的零件。线状支撑可以添加在宽度较小的悬垂面,主要适用于零件内部的悬吊线。轮廓支撑可以添加在悬吊面或不稳定结构的倾斜面。块状支撑可以添加在悬垂面表面积较大的零件,该支撑结构连接强度和抗拉强度较高、应用较为广泛。

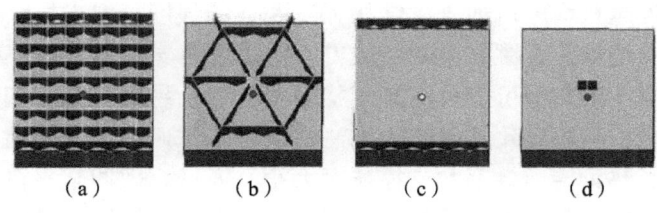

图 5-1 支撑结构类型
(a) 块状支撑;(b) 网状支撑;(c) 轮廓支撑;(d) 点状支撑。

SLM 成型试样的支撑结构如图 5-1 所示,未设置切割间距的试样采用尖嘴钳手工去除支撑难度较大。设置切割间距后,当 Z 轴补偿量分别为 0、25μm 和 50μm 时,均可采用尖嘴钳手工去除支撑。随着 Z 轴补偿量的降低,支撑的去除难度减小。试样的顶部表面形貌 X/Y 间距、切割间距和 Z 轴补偿量对试样的顶部表面形貌影响较小,试样顶部表面均存在弧形波纹和飞溅颗粒等。将试样底部表面的支撑结构去除,然后采用砂纸对试样的底部表面进行研磨,试样的底部表面形貌。随 X/Y 间距的减小,试样底部表面的大尺寸孔隙数量减少、小尺寸孔隙增加。设置切割间距后,试样底部表面形貌无明显变化。Z 轴补偿量减小后,试样底部表面的小尺寸孔隙数量减少。试样底部表面的小尺寸孔隙产生原因:一是金属粉末间隙内的气体未及时逸出形成气泡,凝固后产生小尺寸孔隙;二是支撑结构的 Z 轴补偿直接影响试样的底部表面形貌,SLM 成型以及支撑去除过程中可产生小尺寸孔隙。因此,X/Y 间距减小后支撑数量增多、散热速率增加、熔池熔融时间减少、温度 T 降低、表面张力 σ 升高、气泡数目 n 增大,小尺寸孔隙数量增加。Z 轴补偿量减小后，支撑结构对底部表面形貌的影响程度降低，小尺寸孔隙数量减少。

SLM 支撑结构的参数主要包括支撑厚度、支撑分布密度、支撑轮廓补偿、支撑切割间距和支撑齿参数等，支撑齿参数如图 5-2 所示。支撑分布密度、轮廓补偿和齿顶宽共同决定了支撑结构强度以及连接强度。支撑分布密度越高、Z 轴方向支撑补偿越大以及支撑齿顶宽度越宽均可增加支撑结构强度和连接强度，但支撑结构的去除难度将增加。支撑分布密度较低、Z 轴方向支撑补偿较小以及支撑齿顶宽度较窄等可造成支撑结构强度较差，易出现翘曲变形或塌陷等现象，从而导致支撑结构无法提供支撑作用。支撑结构的参数还决定了热量传递效率和支撑作用大小，通过合理调整支撑结构参数，可降低支撑结构的数量、减少后续处理时间、提高零件的成型质量。

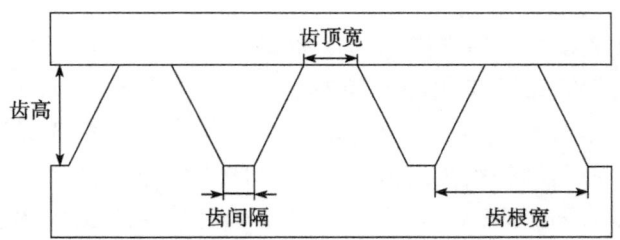

图 5-2　支撑齿参数

SLM 成型试样的支撑结构如图 5-3 所示。试样的顶部表面形貌如图 5-4 所示。由图 5-4 可知，X/Y 间距、切割间距和 Z 轴补偿量对试样的顶部表面形貌影响较小，试样顶部表面均存在弧形波纹和飞溅颗粒等。

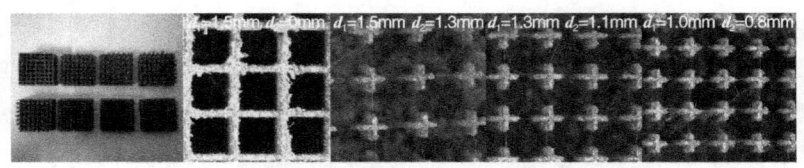

图 5-3　SLM 成型试样的支撑结构特征

第 5 章 典型火炮装备零部件应急制造质量控制及优化

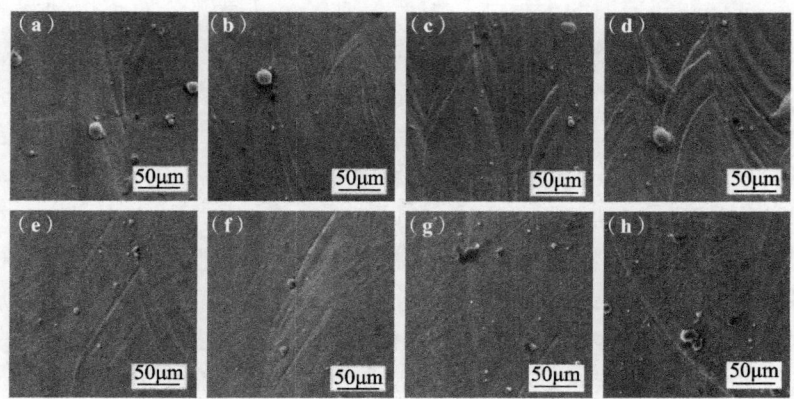

图 5-4 试样的顶部表面形貌
(a) 1 号试样；(b) 2 号试样；(c) 3 号试样；(d) 4 号试样；(e) 5 号试样；
(f) 6 号试样；(g) 7 号试样；(h) 8 号试样。

将试样底部表面的支撑结构去除，然后采用砂纸对试样的底部表面进行研磨，试样的底部表面形貌如图 5-5 所示。由图 5-5 可知，随 X/Y 间距的减小，试样底部表面的大尺寸孔隙数量减少、小尺寸孔隙增加。设置切割间距后，试样底部表面形貌无明显变化。Z 轴补偿量减小后，试样底部表面的小尺寸孔隙数量减少。

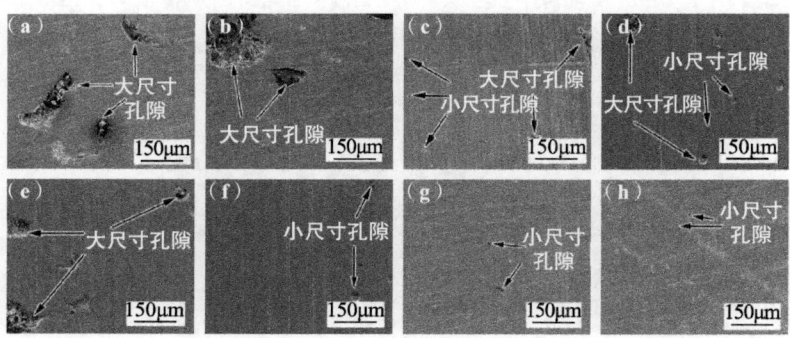

图 5-5 试样的底部表面形貌
(a) 1 号试样；(b) 2 号试样；(c) 3 号试样；(d) 4 号试样；
(e) 5 号试样；(f) 6 号试样；(g) 7 号试样；(h) 8 号试样。

试样底部表面的大尺寸孔隙产生原因：一是部分液态熔池渗入到金属粉末内，熔池缺失导致凝固后产生大尺寸孔隙；二是金属粉末进入液态熔池，熔池润湿性和流动性降低，凝固后产生大尺寸孔隙。X/Y 间距增大使试样底部与金属粉末的接触面积增加，更多金属粉末在 Marangoni 流作用下进入熔池后液相表面张力增大、液相动力黏度升高、流动性降低，大尺寸孔隙增多。同时，熔池液相在重力和 Marangoni 流作用下渗入金属粉末，大尺寸孔隙增多。支撑结构对受重力作用的熔池起到了支撑作用，熔池凝固后形成的熔道对后续熔池起到了搭接作用。X/Y 间距增大后使熔道之间的搭接作用降低，大尺寸孔隙增多。在凝固过程中，大尺寸孔隙在重力和黏滞力的作用下趋向于形成扁平的不规则状。

SLM 成型大尺寸平面过程中残余应力明显增加，易出现翘曲变形的情况。因此，设置支撑结构的 X/Y 间距为 1.0mm、切割间距为 0.8mm，进一步研究 Z 轴补偿量 d_3 对大尺寸平面成型质量的影响。当 Z 轴补偿量为 25μm 和 50μm 时，试样不存在翘曲变形情况。当 Z 轴补偿量为 0 时，试样的边缘存在翘曲变形情况。因此，综合考虑不同支撑结构参数下试样的表面形貌特征、支撑结构去除难度以及能否顺利成型等因素，确定最优的支撑结构参数为 X/Y 间距 $d_1 = 1.0$mm、切割间距 $d_2 = 0.8$mm、Z 轴补偿量 $d_3 = 25$μm。试样的边缘存在翘曲变形情况，如图 5-6 所示。

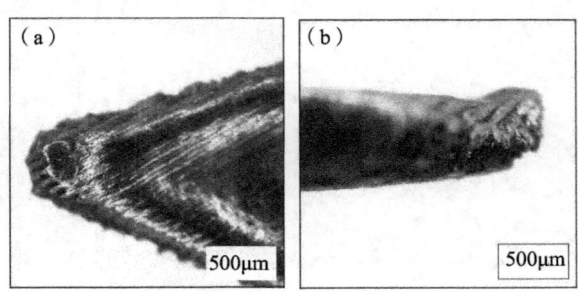

图 5-6 大尺寸平面的翘曲变形
（a）正视图；（b）侧视图。

5.3 悬垂平面结构支撑参数对成型质量的影响

图 5-7 为具有一定倾斜角度的悬垂平面结构切片原理图。由图 5-7 可知,具有一定倾斜角度的悬垂平面进行切片处理后,可形成无自支撑的悬垂部分,悬垂部分的理论长度 L 可表示为

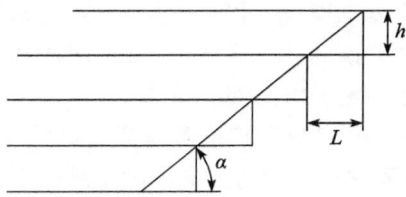

图 5-7 悬垂平面结构的切片原理图

$$L = h = \cot\alpha \quad (5-1)$$

式中:h 为切片层厚;α 为切片外轮廓切线与基板间的夹角(倾斜角)。在 SLM 成型过程中,悬垂部分的理论长度 L 越大则越易产生翘曲变形、塌陷和表面黏粉等现象,严重影响零件的顺利成型。

不同倾斜角度下悬垂平面的侧视图,倾斜角 $\alpha > 30°$ 时,悬垂平面出现明显的塌陷和翘曲变形现象。随倾斜角度的降低,悬垂平面的塌陷和翘曲变形程度增加,且采用 S 形正交+后轮廓扫描策略成型悬垂平面的塌陷和翘曲变形现象较为严重。当倾斜角 $\alpha < 35°$ 时,悬垂平面的成型质量较好,且采用 S 形正交+后轮廓扫描策略成型悬垂平面的成型质量较高。

在 SLM 成型过程中悬垂部分的理论长度 L 越大则越易产生翘曲变形、塌陷和表面黏粉等现象,严重影响零件的顺利成型。由式(5-1)可知,随切片层厚 h 的增大以及倾斜角 α 的减小,悬垂部分的理论长度 L 呈逐渐增大的趋势。其中切片层厚 h 主要取决于 SLM 成型材料的粒径分布范围和设备参数等,本书中确定的最优切片层厚 $h = 25\mu m$。因此,悬垂部分的理论长度 L 主要与倾斜角 α 有关。在 SLM 成型悬垂结构时,存在理论极限倾斜角 α_1。当倾斜

角 α 小于极限倾斜角 α_1 时，极易产生翘曲变形、塌陷和表面黏粉等现象，从而影响 SLM 的顺利成型。悬垂平面结构的切片原理如图 5-7 所示。

目前，针对倾斜角小于极限倾斜角的悬垂平面成型问题，主要通过设置支撑结构的方式实现支撑作用和热量传递作用等，从而保证零件的顺利成型，但支撑结构数量的增多可影响悬垂平面的表面质量、增加后续处理难度等。因此，确定 SLM 成型 4Cr5MoSiV1 钢的极限倾斜角、研究倾斜角对悬垂平面表面质量的影响可为优化 4Cr5MoSiV1 钢成型质量提供基础。

通过调整倾斜角度和激光扫描策略成型试样，研究倾斜角度和扫描策略对悬垂平面成型质量的影响，确定悬垂平面的极限倾斜角。试样的纵截面尺寸为 10mm×10mm、厚度为 5mm，倾斜角度分别为 15°、20°、25°、30°、35°、40°、45°、60° 和 75°，如图 5-8 所示。SLM 成型工艺参数：激光功率 $P=190\mathrm{W}$；扫描速度 $v=210\mathrm{mm/s}$；铺粉层厚 $h=25\mu\mathrm{m}$；扫描间距 $s=70\mu\mathrm{m}$；成型角度为 45°；激光重熔线能量密度为 238J/m；扫描策略分别设置为 S 形正交和 S 形正交+后轮廓扫描。试样成型后采用扫描电镜观察悬垂平面的表面形貌，再采用 TESA-rugosurf 表面粗糙度仪测量试样悬垂平面的粗糙度，从而确定极限倾斜角度以及倾斜角度和扫描策略对悬垂平面成型质量的影响。

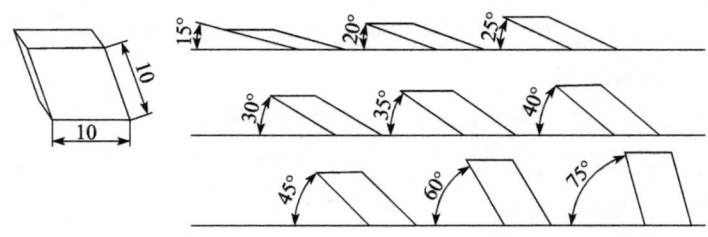

图 5-8 不同倾斜角度下试样成型示意图

Dimetal-SLM 设备的激光束光斑直径为 70μm、切片层厚为 25μm，当 L 小于激光束光斑直径时，通过计算出悬垂平面的理论

最小倾斜角 $\alpha=20°$。当 L 小于激光束光斑半径时,计算出悬垂平面可靠倾斜角 $\alpha=36°$。通过分析倾斜角度对 SLM 成型 4Cr5MoSiV1 钢悬垂平面成型质量的影响,发现实验结果与理论计算结果基本吻合。不同倾斜角度下成型悬垂平面的表面粗糙度结果如图 5-9 所示。由图 5-9 可知,随倾斜角度的增加,悬垂平面的表面粗糙度呈逐渐降低的趋势,且采用 S 形正交+后轮廓扫描策略成型悬垂平面的表面粗糙度均低于采用 S 形正交扫描策略成型悬垂平面的表面粗糙度。

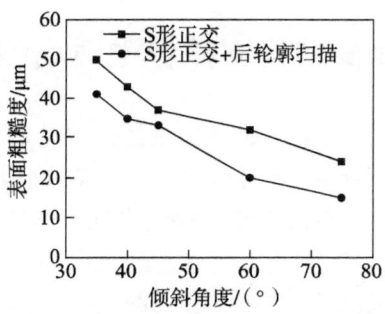

图 5-9 悬垂平面的表面粗糙度

倾斜角 α 越小,层-层之间的悬垂长度 L 越大,悬垂平面越易出现塌陷和翘曲变形现象。当悬垂长度 L 大于激光束光斑直径时,激光束光斑将完全落于无实体支撑的粉末区域,导致形成的熔池体积增大,且熔池极易渗入粉末间隙内,从而出现塌陷现象。同时,激光束光斑落于无实体支撑的粉末区域面积增大后,热量传递效率降低、热应力增加,在应力释放过程中试样的轮廓边缘区域发生变形,悬垂平面顶端出现翘曲变形现象。后轮廓扫描增加了激光能量输入,提高了熔池热量累积程度和热应力水平。因此,当倾斜角度小于极限倾斜角度时,采用 S 形正交+后轮廓扫描策略成型悬垂平面的塌陷和翘曲变形程度增加。

SLM 成型过程中的台阶效应和表面黏粉等现象是影响悬垂平面表面粗糙度的主要因素,不同倾斜角度下悬垂平面的表面形貌,当悬垂平面的倾斜角 $\alpha<30°$ 时,采用 S 形正交+后轮廓扫描策略成型悬

垂平面的成型质量较差。当悬垂平面的倾斜角 $\alpha>35°$ 时，采用 S 形正交+后轮廓扫描策略成型悬垂平面的成型质量较高。随倾斜角度的减小，悬垂平面的悬垂长度 L 增加，粉末支撑区域面积增大，故悬垂平面的台阶效应和表面黏粉现象明显。通过设置后轮廓扫描的方式可使熔池末端重新发生熔合，有效避免了 S 形正交扫描后产生的夹粉区，从而减少表面黏粉现象。因此，当倾斜角大于极限倾斜角度时，增加悬垂平面的倾斜角度、设置后轮廓扫描策略均可提高悬垂平面的成型质量。

5.4 悬垂曲面结构支撑参数对成型质量的影响

采用 S 形正交扫描策略成型的纵柱面体外表面呈台阶轮廓形貌特征，各区域的表面形貌无明显差别，且均存在明显的表面黏粉现象。采用 S 形正交+后轮廓扫描策略的纵柱面体外表面的表面黏粉现象明显减少，表面质量较高。

曲面结构是复杂结构零件中常见的结构，曲面结构一般具有形状复杂、变截面、拐点多以及悬空等特点，采用 SLM 技术成型曲面结构需考虑多方面因素。

图 5-10 为曲面结构的切片原理图。由图 5-10 可知，曲面结构在进行切片处理后，bc 段形成有自支撑的部分，ab 段和 cd 段可形成无自支撑的悬垂部分，且 ab 段和 cd 段各位置的倾斜角不同。在 SLM 成型过程中悬垂部分的理论长度 L 越大则越易产生塌陷、翘曲变形和表面黏粉等现象，严重影响零件的顺利成型。为研究曲面结构，可将任意曲线面看作两个直线面的非线性叠加，其中将平行于 Z 轴的直线作为母线，形成的直线面如图 5-11（a）所示。将 X-Y 面内任意一条直线作为母线，形成的直线面如图 5-11（b）所示。将两个直线面做非线性叠加可形成相应的曲线面，如图 5-11（c）所示，将图 5-11（a）中的直线面定义为纵柱面体、图 5-11（b）中的直线面定义为横柱面体，其中纵柱面体为自支撑的曲面结构、横柱面体为悬垂曲面结构。

第5章 典型火炮装备零部件应急制造质量控制及优化

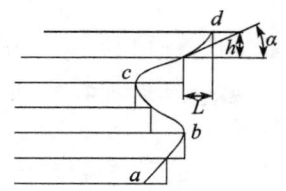

图 5-10 曲面结构的切片原理图

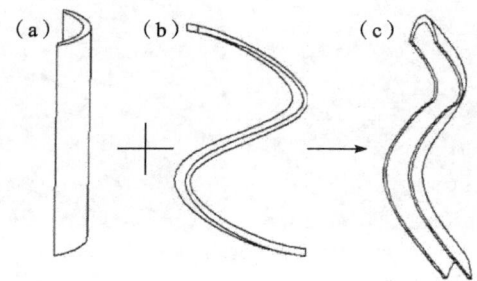

图 5-11 直线面非线性叠加形成曲面示意图
(a) 以 Z 轴为母线的直线面；(b) 以 X/Y 轴为母线的直线面；(c) 曲面。

采用 S 形正交扫描策略成型的纵柱面体内表面存在明显表面黏粉现象。采用 S 形正交+后轮廓扫描策略成型的纵柱面体内表面的表面黏粉现象明显较少，其表面质量较高。

SLM 成型过程中熔道间的搭接可产生轮廓误差，从而形成纵柱面体表面的台阶轮廓形貌特征，其产生原理为纵柱面体上表面设计轮廓和实际轮廓示意图，由于熔道宽度以及熔道间搭接导致实际轮廓尺寸大于设计轮廓尺寸，故实际轮廓为非连续圆弧状。由于熔道间距 s 为定值，随夹角 α 的减小，台阶宽度 ω 呈逐渐减小的趋势，故轮廓误差逐渐减小。通过采用 S 形正交扫描策略形成了以纵柱面体对称轴为轴对称分布的台阶轮廓形貌特征，且纵柱面体边缘区域台阶宽度值最大。纵柱面体上表面形貌，由于成型过程中熔道的起始段和末端的能量输入较高，易形成尺寸较大的熔池，故上表面出现凸点现象。采用 S 形正交+后轮廓扫描策略避免了 S 形正交扫描后产生的夹粉区，且后轮廓扫描可使熔池起始段和末端重新发生熔合，从而减少表面黏粉现象和凸点现象。

纵柱面体外表面形貌如图 5-12 所示。由图 5-12（a）可知，采用 S 形正交扫描策略成型的纵柱面体外表面呈台阶轮廓形貌特征，各区域的表面形貌无明显差别，且均存在明显的表面黏粉现象。由图 5-12（b）可知，采用 S 形正交+后轮廓扫描策略的纵柱面体外表面的表面黏粉现象明显减少，表面质量较高。

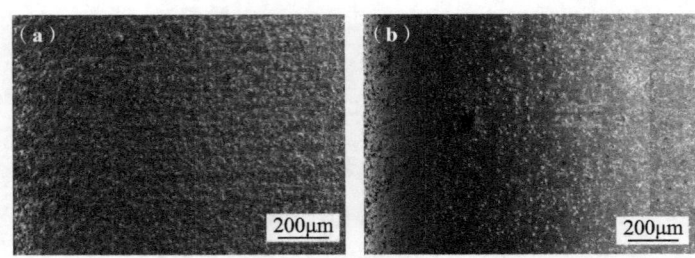

图 5-12　纵柱面体外表面形貌
(a) S 形正交；(b) S 形正交+后轮廓扫描。

纵柱面体内表面形貌如图 5-13 所示。由图 5-13 可知，采用 S 形正交扫描策略成型的纵柱面体内表面存在明显表面黏粉现象。采用 S 形正交+后轮廓扫描策略成型的纵柱面体内表面的表面黏粉现象明显较少，其表面质量较高。

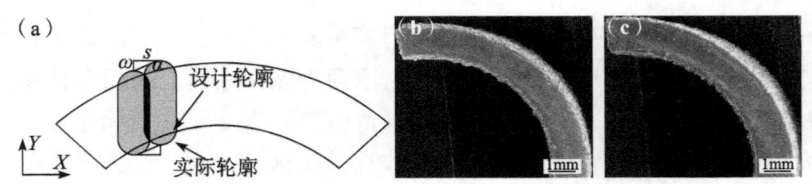

图 5-13　纵柱面体台阶轮廓形貌形成原理
(a) 上表面设计轮廓和实际轮廓示意图；(b) S 形正交成型上表面形貌；
(c) S 形正交+后轮廓扫描成型上表面形貌。

采用 S 形正交扫描策略成型的横柱面体内表面 Ⅰ 区域表面黏粉现象严重，呈明显的球粒状形貌特征；Ⅱ 区域表面黏粉现象较少，仍呈球粒状形貌特征；Ⅲ 区域表面黏粉现象较少，且出现台阶轮廓形貌特征。采用S形正交+后轮廓扫描策略成型横柱面体内表面的表面黏粉现象明显减少，Ⅰ区域表面黏粉现象最多，呈球粒状形貌特征；Ⅱ区域表面黏粉现象较少，表面质量最高；Ⅲ区域表面黏粉现象略有减少，且出现明显的台阶轮廓形貌特征。

横柱面体外表面的表面形貌如图5-14所示。由图5-14可知，采用S形正交扫描策略成型的横柱面体外表面的表面黏粉现象严重，且Ⅰ区域表面黏粉现象最多，呈明显的球粒状形貌特征；Ⅱ区域表面黏粉现象较少，仍呈球粒状形貌特征；Ⅲ区域表面黏粉现象明显较少，出现台阶轮廓形貌特征。采用S形正交+后轮廓扫描策略成型的横柱面体外表面的Ⅰ区域存在明显的表面黏粉现象，呈明显的球粒状形貌特征；Ⅱ区域表面黏粉现象明显减少，表面质量最高；Ⅲ区域表面黏粉现象略有增加，且出现明显的台阶轮廓形貌特征。

 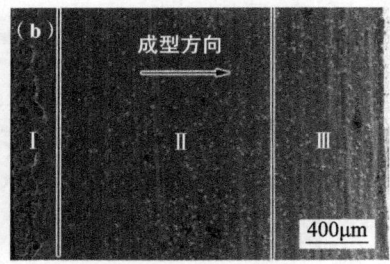

图5-14 横柱面体外表面形貌
(a) S形正交；(b) S形正交+后轮廓扫描。

SLM技术采用离散/堆积的原理，成型件表面与成型方向存在一定的角度可导致成型后存在台阶效应。横柱面体的纵截面为圆环曲线，且其外表面的倾斜角随成型高度连续变化，故不同倾斜角 α 下横柱面体的内表面和外表面存在不同程度的台阶效应与表面黏粉现象。存在实体支撑部分的台阶宽度较大时，台阶效应明显，呈现台阶轮廓形貌特征。不存在实体支撑部分的台阶宽度较大时，表面黏粉现象严重，呈现球粒状形貌特征。

5.5 悬垂圆（方）孔结构支撑参数对成型质量的影响

水平方向成型的圆孔结构形貌采用 S 形正交扫描策略成型圆孔直径 $d<0.1$mm 时，圆孔结构均可成型。当圆孔直径 $d>0.3$mm 时，圆孔结构成型质量较好。

通过调整成型方向和扫描策略成型圆（方）孔结构，圆孔直径和方孔边长分别设置为 0.1mm、0.2mm、0.3mm、0.4mm、0.5mm、0.8mm、1.0mm、2.0mm、3.0mm 和 5.0mm，圆孔和方孔的高度均为 5mm。SLM 成型圆（方）孔结构的成型方向如图 5-15 所示。SLM 成型工艺参数：激光功率 $P=190$W；扫描速度 $v=210$mm/s；铺粉层厚 $h=25$μm；扫描间距 $s=70$μm；成型角度为 45°；激光重熔线能量密度为 238J/m。扫描策略采用 S 形正交和 S 形正交+后轮廓扫描。采用扫描电镜观察圆（方）孔结构的表面形貌，然后分析圆（方）孔结构的尺寸精度，确定 SLM 成型圆（方）孔结构的成型极限尺寸，研究成型方向和扫描策略对精度的影响，确定最优成型方向和扫描策略。

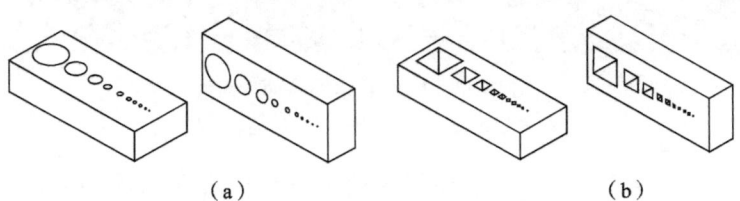

图 5-15 SLM 成型圆（方）孔结构示意图
(a) 圆孔；(b) 方孔。

水平方向成型的圆孔结构形貌如图 5-15 所示。由图 5-15 可知，采用 S 形正交扫描策略成型圆孔直径 $d<0.1$mm 时，圆孔结构均可成型。当圆孔直径 $d>0.3$mm 时，圆孔结构成型质量较好。采用 S 形正交+后轮廓扫描策略成型圆孔直径 $d=0.1$mm 时，圆孔结构无法成型。当圆孔直径 $d<0.3$mm 时，圆孔结构的形状误差较大。当圆孔直径 $d>0.4$mm 时，圆孔结构成型质量较好。SLM 成型圆孔内表面均存在表面黏粉现象,而 S 形正交+后轮廓扫描策略下成型圆孔的表面黏粉现象明显少于 S 形正交扫描策略成型圆孔的表面黏粉现象。因此,成型水平方向圆孔时,采用 S 形正交扫描策略的极限尺寸为 0.3mm、采用 S 形正交+后轮廓扫描策略的极限尺寸为 0.4mm(图 5-16)。

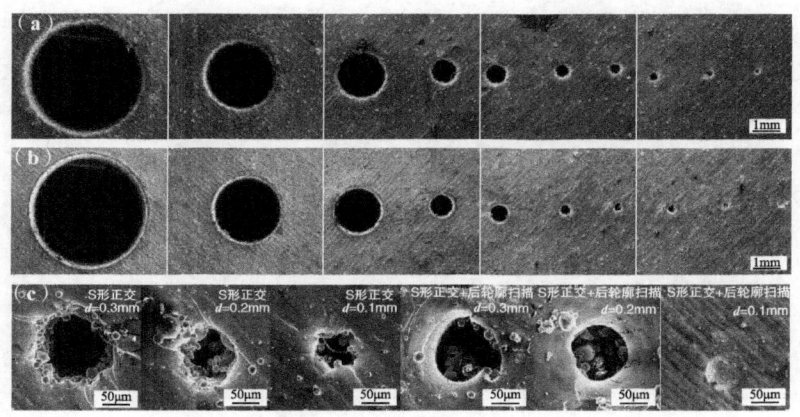

图 5-16 水平方向圆孔形貌
(a) S 形正交;(b) S 形正交+后轮廓扫描;(c) 局部放大图。

竖直方向成型的圆孔如图 5-17 所示。采用 S 形正交扫描策略成型的圆孔直径 $d=0.1$mm 时,圆孔无法成型。当圆孔直径 $d<0.2$mm 时,圆孔可顺利成型,但圆孔顶部均存在塌陷现象。当圆孔直径 $d<2$mm 时,圆孔结构成型质量较好。采用 S 形正交+后轮廓扫描策略成型的圆孔直径 $d=0.1$mm 时,圆孔结构无法成型。当圆孔直径 $d>0.2$mm 时,圆孔结构可顺利成型,但圆孔顶部塌陷现象增加。当圆孔直径 $d>3$mm 时,圆孔结构成型质量较好。因此,成型竖直方向圆孔时,采用 S 形正交扫描策略的极限尺寸为 2mm、采用 S 形正交+后轮廓扫描策略的极限尺寸为 3mm。

SLM 成型竖直方向圆孔时,圆孔顶部为无实体支撑的悬垂曲面结构,液态熔池在重力和 Marangoni 对流作用渗入到粉末间隙内,且熔池边缘区域黏附了部分金属粉末,从而在熔池凝固后形成了塌陷现象，圆孔形状精度和尺寸精度存在明显误差。同时，后轮廓扫描过程中激光能量输入增加，悬垂曲面部分形成的塌陷现象增加。因此，当竖直方向圆孔直径较小时，圆孔受塌陷现象影响而完全堵塞，且S形正交+后轮廓扫描策略成型的竖直圆孔尺寸精度和形状精度较差。

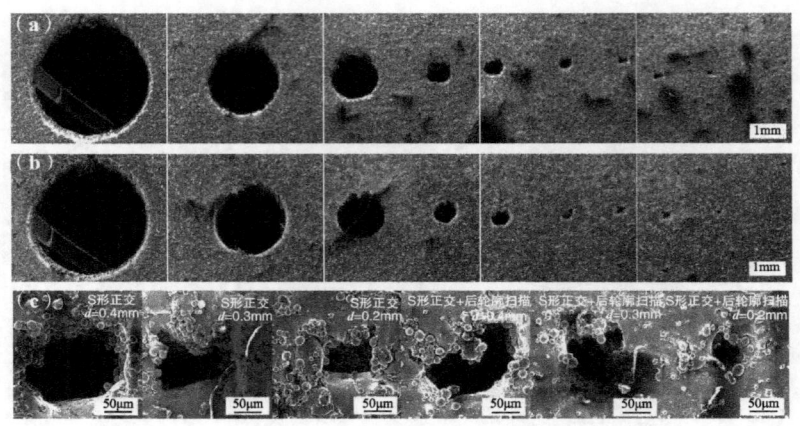

图 5-17 竖直方向圆孔形貌
(a) S形正交；(b) S形正交+后轮廓扫描；(c) 局部放大图。

SLM 成型竖直方向圆孔不同区域的表面形貌如图 5-18 所示。SLM 成型竖直方向圆孔不同区域的表面形貌Ⅰ、Ⅱ、Ⅲ区域为悬垂曲面结构，且均存在表面黏粉现象，呈球粒状形貌特征。其中Ⅰ区域存在明显的塌陷现象，实际轮廓与设计轮廓的误差严重。Ⅲ区域表面黏粉和塌陷现象减少，成型质量提高。Ⅳ、Ⅴ、Ⅵ区域的表面黏粉现象逐渐减少，其中Ⅵ区域表面黏粉现象明显减少，熔道特征明显。采用S形正交+后轮廓扫描策略成型的圆孔顶部各区域成型质量较差，但圆孔底部各区域的成型质量明显提高。SLM 成型圆孔顶部过程中，后轮廓扫描增大了激光能量输入，熔池塌陷和表面黏粉现象增加。SLM 成型圆孔底部过程中，后轮廓扫描有效避免了S形正交产生的夹粉区，提高了成型质量。

圆孔直径的误差曲线如图 5-19 所示。对采用不同扫描策略成型的竖直和水平方向圆孔孔径进行测量，通过多次测量取平均值得到

 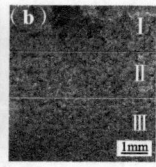 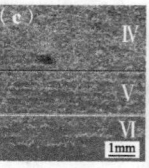 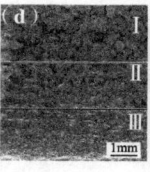 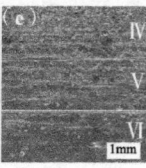

图 5-18　圆孔不同区域表面形貌

(a) 圆孔区域划分示意图；(b) S形正交圆孔顶部；(c) S形正交圆孔底部；
(d) S形正交+后轮廓扫描圆孔顶部；(e) S形正交+后轮廓扫描圆孔底部。

的结果。圆孔直径的误差曲线SLM成型圆孔直径的实际值均小于圆孔直径的理论值，且圆孔直径的相对误差随圆孔直径的增加整体上呈逐渐降低的趋势。SLM成型水平方向圆孔直径的相对误差均低于竖直方向圆孔直径的相对误差，且S形正交+后轮廓扫描策略成型圆孔直径的相对误差较大。SLM成型竖直方向圆孔均存在明显的塌陷现象，故竖直方向圆孔直径的相对误差较大。后轮廓扫描增加了激光能量输入，故成型竖直圆孔时塌陷现象增加，相对误差增大。同时，成型水平圆孔时，采用S形正交+后轮廓扫描策略减少了夹粉区数量，其表面黏粉现象明显减少、成型质量提高，但后轮廓扫描增大了误差。当圆孔直径 $d>3\text{mm}$ 时，绝对误差趋近于定值，约为0.17mm。

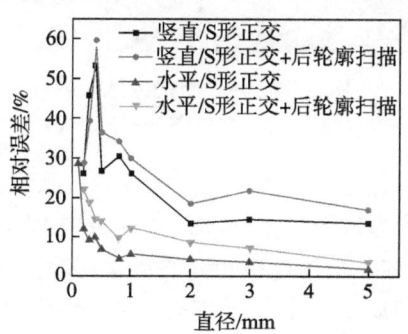

图 5-19　SLM成型圆孔孔径的误差曲线

SLM成型水平方向的方孔结构形貌如图5-20所示。采用S形正交扫描策略成型的方孔边长 $l \geqslant 0.1\text{mm}$ 时，方孔结构均可成型。当方

孔边长 $l ≤ 0.2mm$ 时，方孔结构存在明显的形状误差。当方孔边长 $l ≥ 0.3mm$ 时，方孔结构成型质量较好。采用 S 形正交+后轮廓扫描策略成型方孔边长 $l ≤ 0.2mm$ 时，方孔内部被堵塞，方孔结构无法成型。当方孔边长 $l = 0.3mm$ 时，方孔结构存在明显的形状误差。当方孔边长 $l ≥ 0.4mm$ 时，方孔结构成型质量较好。因此，成型水平方向方孔时，采用 S 形正交扫描策略的极限尺寸为 0.3mm、采用 S 形正交+后轮廓扫描策略的极限尺寸为 0.4mm。SLM 成型方孔均存在表面黏粉现象，当方孔边长较大时，S 形正交+后轮廓扫描策略下成型方孔的表面黏粉现象明显少于 S 形正交扫描策略成型方孔的表面黏粉现象。

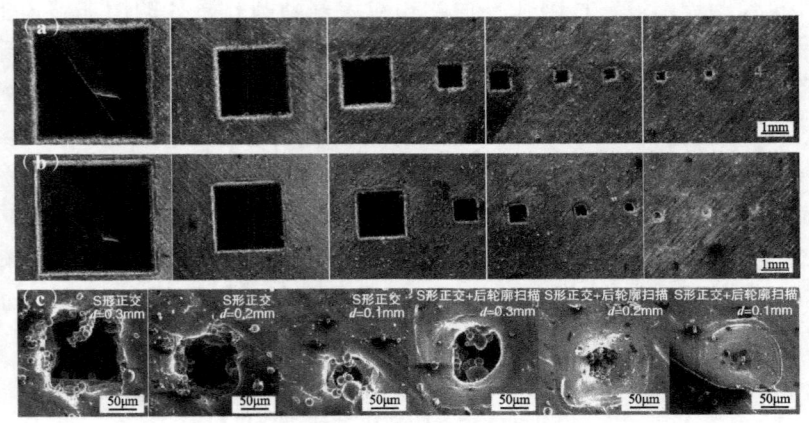

图 5-20 水平方向方孔形貌
(a) S 形正交；(b) S 形正交+后轮廓扫描；(c) 局部放大图。

竖直方向成型的方孔结构形貌如图 5-21 所示。采用 S 形正交扫描策略成型的方孔边长 $l = 0.1mm$ 时，方孔结构无法成型。当方孔边长 $l = 0.5mm$ 时，方孔结构存在明显的形状误差。当孔边长 $l = 0.8mm$ 时，方孔结构成型质量较好，但方孔顶部仍存在塌陷现象。采用 S 形正交+后轮廓扫描策略成型方孔边长 $l = 0.1mm$ 时，方孔结构无法成型。当方孔边长 $l = 0.5mm$ 时，方孔结构存在明显的形状误差。当方孔边长 $l = 0.8mm$ 时，方孔结构成型质量较好，但方孔顶部仍存在塌陷现象。因此，成型竖直方向方孔时的极限尺寸为 0.8mm。

第5章 典型火炮装备零部件应急制造质量控制及优化

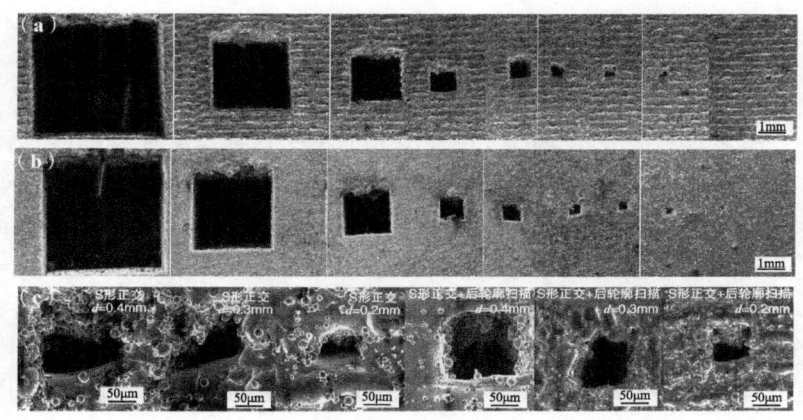

图 5-21　竖直方向方孔形貌
（a）S形正交；（b）S形正交+后轮廓扫描；（c）局部放大图。

方孔边长的误差曲线如图 5-22 所示。SLM 成型方孔边长的实际值均小于理论值，且方孔相对误差随边长的增加整体呈逐渐降低的趋势。SLM 成型水平方向方孔的相对误差均低于竖直方向方孔的相对误差，且S形正交+后轮廓扫描策略成型方孔的误差较大。SLM 成型竖直方向方孔较均存在明显的塌陷现象，后轮廓扫描增加了激光能量输入，成型竖直方孔时塌陷现象增加。成型水平方孔时，S形正交+后轮廓扫描策略提高了成型质量，但误差增大。当方孔边长 $l \leqslant 3\mathrm{mm}$ 时，绝对误差趋于定值，约为 0.15mm。

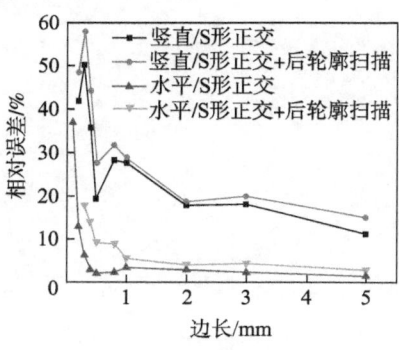

图 5-22　SLM 成型方孔边长误差曲线

5.6 圆（方）柱结构支撑参数对成型质量的影响

SLM 成型圆柱结构的形貌采用 S 形正交扫描策略成型圆柱直径 $d \leqslant 0.2 \text{mm}$ 时，圆柱无法成型。当圆柱直径 $d = 0.4 \text{mm}$ 时，圆柱可顺利成型，但圆柱翘曲变形严重。当圆柱直径 $d = 0.5 \text{mm}$ 时，圆柱的成型质量较好。由采用 S 形正交+后轮廓扫描策略成型圆柱直径 $d = 0.1 \text{mm}$ 时，圆柱均可成型，且无明显翘曲变形情况。同时，采用 S 形正交扫描策略成型圆柱的表面黏粉现象较为严重。因此，成型竖直方向圆柱时，采用 S 形正交扫描策略的极限尺寸为 0.5mm、采用 S 形正交+后轮廓扫描策略的极限尺寸为 0.1mm。

SLM 成型圆柱结构的形貌如图 5-23 所示。由图 5-23（a）可知，采用 S 形正交扫描策略成型圆柱直径 $d \leqslant 0.2 \text{mm}$ 时，圆柱无法

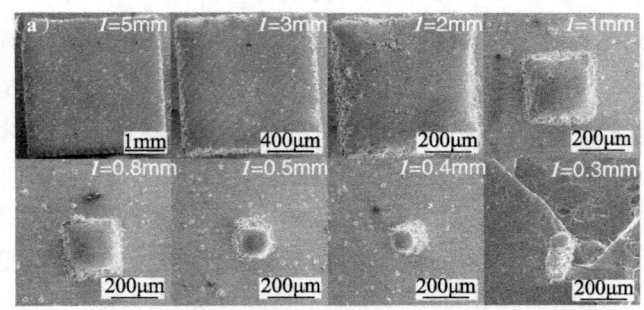

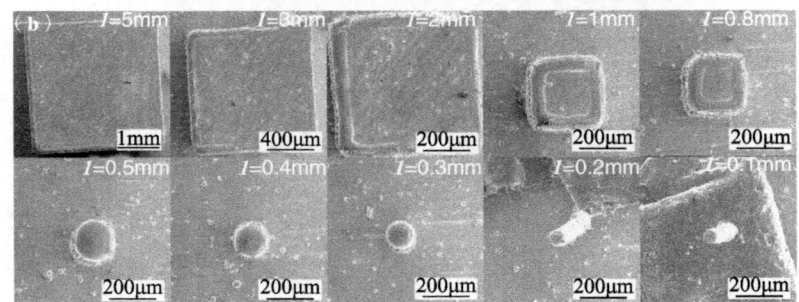

图 5-23　SLM 成型方柱的形貌
（a）S 形正交；（b）S 形正交+后轮廓扫描。

成型。当圆柱直径 0.3mm<d<0.4mm 时，圆柱可顺利成型，但圆柱翘曲变形严重。当圆柱直径 d>0.5mm 时，圆柱的成型质量较好。由图 5-23（b）可知，采用 S 形正交+后轮廓扫描策略成型圆柱直径 d<0.1mm 时，圆柱均可成型，且无明显翘曲变形情况。同时，采用 S 形正交扫描策略成型圆柱的表面黏粉现象较为严重。因此，成型竖直方向圆柱时，采用 S 形正交扫描策略的极限尺寸为 0.5mm、采用 S 形正交+后轮廓扫描策略的极限尺寸为 0.1mm。

采用 S 形正交扫描策略成型圆柱的直径较小时，激光束扫描时间极短、激光能量输入较小，圆柱无法成型。采用 S 形正交+后轮廓扫描策略增加了激光能量输入和扫描次数，可成型直径较小的圆柱。当圆柱直径较小时，其纵横比较大、应力水平较高，圆柱存在明显的翘曲变形。同时，采用 S 形正交扫描策略在成型过程中可形成大量的夹粉区，因此，成型圆柱存在明显的表面黏粉现象。

SLM 成型方柱的形貌采用 S 形正交扫描策略成型方柱边长 l=0.2mm 时，方柱无法成型。当方柱边长 l=0.4mm 时，方柱可顺利成型，但翘曲变形严重，且存在明显形状误差。当方柱边长 l=0.5mm 时，方柱成型质量较好。采用 S 形正交+后轮廓扫描策略成型方柱边长 l=0.1mm 时，方柱均可成型。当方柱边长 l=0.4mm 时，方柱可顺利成型，但存在明显形状误差。当方柱边长 l=0.5mm 时，方柱成型质量较好。同时，采用 S 形正交扫描策略成型方柱存在明显的表面黏粉现象。因此，成型竖直方向方柱的极限尺寸为 0.5mm。

采用 S 形正交扫描策略成型方柱边长较小时，激光束扫描时间极短、激光能量输入较小，方柱无法成型。采用 S 形正交+后轮廓扫描策略增加了激光能量输入和扫描次数，故可成型边长较小的方柱。当方柱边长较小时，其纵横比较大、应力水平较高，产生明显的翘曲变形。同时，S 形正交+后轮廓扫描策略减少了成型过程中的夹粉区数量，表面黏粉现象明显减少。

对圆柱和方柱的实际尺寸进行测量，结果如图 5-24 所示，SLM 成型圆（方）柱直径（边长）的实际值均大于理论值，随圆（方）柱直径（边长）的增加，相对误差均呈逐渐减小的趋势，且采用 S

形正交+后轮廓扫描策略成型的圆（方）柱相对误差较大。采用S形正交扫描策略成型圆（方）柱增加了成型过程中的夹粉区数量，导致表面黏粉现象增加，表面粗糙度增大。采用S形正交+后轮廓扫描策略成型圆（方）柱减少了成型过程中的夹粉区数量，其表面粗糙度降低，成型质量提高，但圆（方）柱的误差增加。当圆（方）柱的直径（边长）$d(l)$ = 3mm 时，绝对误差趋于定值，分别约为 0.12mm 和 0.13mm。

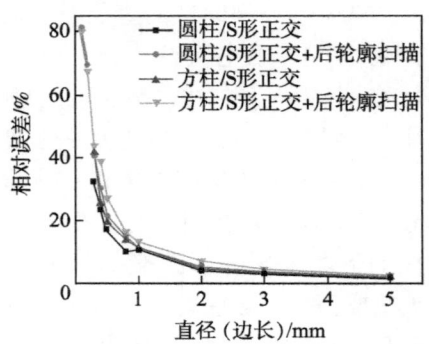

图 5-24　SLM 成型圆（方）柱的直径（边长）误差曲线

5.7　尖角结构支撑参数对成型质量的影响

水平方向成型尖角结构的形貌当尖角 $\alpha<2°$ 时，尖角结构均可顺利成型。采用S形正交扫描策略成型尖角 $\alpha=2°$ 时，尖角存在明显的形状误差和尺寸误差。当尖角的角度 $\alpha=6°$ 时，尖角结构成型质量较好，但尖角结构轮廓区域均存在表面黏粉现象。采用S形正交+后轮廓扫描策略成型尖角 $\alpha=2°$ 时，尖角存在明显的形状误差和尺寸误差。当尖角的角度 $\alpha=15°$ 时，尖角存在形状误差和尺寸误差。当尖角的角度 $\alpha=20°$ 时，尖角成型质量明显提高，且轮廓区域不存在夹粉区，表面黏粉现象明显减少。因此，成型水平方向尖角时，采用S形正交扫描策略的极限角度为 6°、采用S形正交+后轮廓扫描策略的极限角度为 20°，如图 5-25 所示。

第 5 章 典型火炮装备零部件应急制造质量控制及优化

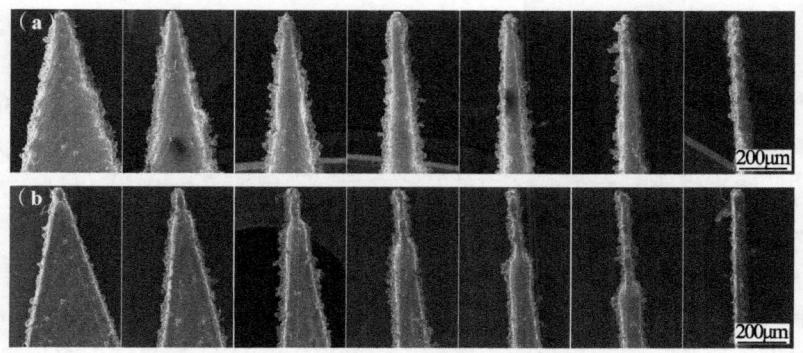

图 5-25 水平方向尖角形貌
(a) S 形正交；(b) S 形正交+后轮廓扫描。

通过调整成型方向和激光扫描策略成型尖角结构，尖角结构的角度分别设置为 2°、6°、8°、10°、15°、20° 和 30°，尖角结构的高度为 20mm。尖角结构的 SLM 成型方向如图 5-26 所示。SLM 成型工艺参数：激光功率 P = 190W；扫描速度 v = 210mm/s；铺粉层厚 h = 25μm；扫描间距 s = 70μm；成型角度为 45°；激光重熔线能量密度为 238J/m。扫描策略分别采用 S 形正交和 S 形正交+后轮廓扫描。采用扫描电镜观察尖角结构的表面形貌，然后分析尖角结构的尺寸精度和形状精度，确定 SLM 成型尖角结构的极限角度，研究成型方向和扫描策略对精度的影响，确定最优成型方向和扫描策略。

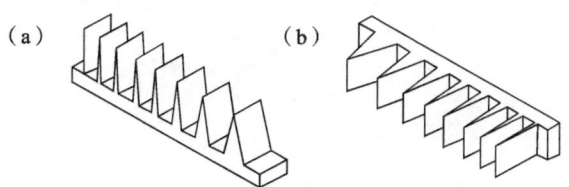

图 5-26 尖角特征的 SLM 成型示意图
(a) 竖直方向；(b) 水平方向。

竖直方向成型尖角结构的形貌当尖角 α = 2° 时，尖角均可顺利成型。采用 S 形正交扫描策略成型尖角 α = 2° 时，尖角存在明显的形状误差和尺寸误差。当尖角的角度 α = 6° 时，尖角结构成型质量较好，但尖角结构轮廓区域均存在表面黏粉现象。由采用 S 形正交+后轮廓扫描策略成型尖角 $\alpha=2°$ 时，尖角存在明显的形状误差和尺寸误差。当尖角的角度 $\alpha=20°$ 时，尖角存在形状误差和尺寸误差。当尖角的角度 $\alpha=30°$ 时，尖角成型质量较好，且表面黏粉现象明显减少。因此，成型竖直方向尖角时，采用 S 形正交扫描策略的极限角度为 6°、采用 S 形正交+后轮廓扫描策略的极限角度为 30°。

尖角角度误差曲线如图 5-27 所示，采用 S 形正交扫描策略或 S 形正交+后轮廓扫描策略成型尖角结构时，水平方向成型尖角的相对误差均较小。随尖角角度的增加，相对误差整体呈逐渐减小的趋势。水平或竖直成型尖角时，采用 S 形正交+后轮廓扫描策略成型尖角的相对误差均较小。SLM 采用离散/堆积的成型原理，经切片处理后各层之间的轮廓信息缺失，竖直方向成型的尖角存在台阶效应可导致明显的表面黏粉现象。因此，采用水平方向成型尖角的相对误差较小。由 SLM 成型圆（方）柱结构的测试结构可知，采用 S 形正交扫描策略成型小尺寸结构能力较差，而 S 形正交+后轮廓扫描策略可直接成型小尺寸结构。由于小角度尖角顶部区域面积较小，采用 S 形正交+后轮廓扫描策略成型小角度尖角时，尖角顶部存在"分段"现象。同时，后轮廓扫描可有效避免夹粉区的形成，减少表面黏粉现象。因此，采用 S 形正交+后轮廓扫描策略成型水平方向尖角误差较小，且表面粗糙度较低。当尖角角度 $\alpha=20°$，绝对误差趋于定值，约为 0.50。

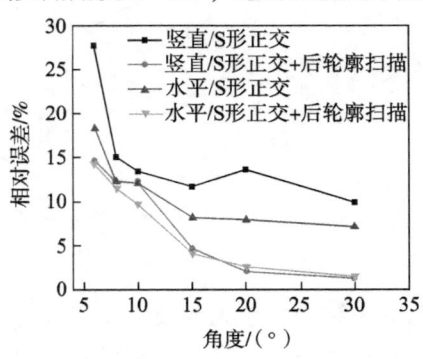

图 5-27 尖角角度误差曲线

5.8 基于智能算法的成型质量控制及优化

为研究直接激光立体成型的打印件是否满足原件要求,需知道直接成型件耐磨性的最优解是否满足条件。通过有限组实验寻找最优解的方法很多,主要分为两类:一类方法以响应面法为代表,通过现有的实验数据,设定拟合方程的次数,拟合出具体方程,进而应用拟合出的方程进行极值寻优;另一类方法以神经网络为代表,该方法不用拟合出具体方程,会将现有数据拟合出黑匣子,再从黑匣子中选取样本,通过遗传算法进行极值寻优。响应面法需拟合出具体的方程,往往实际的问题无法直接用次方程直接表示,故响应面法所计算的结果可能与实际偏差较大。神经网络遗传算法弥补了这个不足,神经网络不需要求解出具体的函数,可以直接由数据训练,拟合出黑盒子,并用黑盒子进行预测。选用神经网络遗传算法进行激光立体成型工艺参数的优化。

5.9 本章小结

本章通过分析支撑结构参数对 4Cr5MoSiV1 钢成型质量的影响,确定了最优支撑结构参数。通过分析火炮零部件典型特征结构的成型质量,确定了典型特征结构的成型极限尺寸和尺寸精度。典型特征结构的成型极限尺寸和尺寸精度可作为火炮备件的特征结构设计规则,其中典型特征结构的成型极限尺寸。得到的结论如下:

支撑结构参数决定了支撑作用、去除难度和缺陷数量等,支撑结构的 X/Y 间距减小后支撑结构数量增多、支撑作用增加,大尺寸孔隙数量减少。设置切割间距后,支撑结构去除难度降低。Z 轴补偿量减小后,小尺寸孔隙数量减少、支撑结构去除难度降低,但大尺寸平面易出现翘曲变形。通过研究支撑结构参数对成型质量的影响,确定最优的支撑结构参数为 X/Y 间距 $d_1=1.0\text{mm}$、切割间距 $d_2=0.8\text{mm}$、Z 轴补偿量 $d_3=25\mu\text{m}$。

SLM成型悬垂平面的极限倾斜角度为35°，低于极限倾斜角度的悬垂平面存在明显的塌陷和翘曲变形，故成型过程中需添加支撑结构。当悬垂平面倾斜角度大于35°时，随倾斜角度的增加悬垂平面的表面粗糙度呈逐渐降低的趋势，且采用S形正交+后轮廓扫描策略可有效避免形成夹粉区、减少表面黏粉现象，其表面粗糙度明显降低。

SLM成型曲面的形貌特征包括台阶轮廓形貌和球粒状形貌，成型过程中产生的台阶效应和表面黏粉现象可降低曲面的表面质量。当轮廓误差较小时，曲面的台阶效应和表面黏粉现象减少，且采用S形正交+后轮廓扫描策略可有效提高曲面的成型质量。

SLM成型竖直方向的圆（方）孔时，其顶部区域存在明显的塌陷现象，故水平方向成型圆（方）孔的相对误差较小。采用S形正交+后轮廓扫描策略成型水平方向的圆（方）孔可有效减少夹粉区数量、提高成型质量，但相对误差略有增加。当圆孔直径$d=3mm$时，绝对误差趋近于定值，约为0.17mm。当方孔边长$l=3mm$时，绝对误差趋于定值，约为0.15mm。

采用S形正交扫描策略成型圆（方）柱的外表面存在明显的表面黏粉现象，采用S形正交+后轮廓扫描策略成型圆（方）柱的成型质量明显提高，但相对误差略有增加。当圆柱的直径$d=3mm$时，绝对误差趋于定值，约为0.12mm。当方柱边长$l=3mm$时，绝对误差趋于定值，约为0.13mm。

SLM成型水平方向尖角结构的尺寸精度和形状精度明显高于竖直方向，且采用S形正交+后轮廓扫描策略成型水平方向尖角的相对误差较小，成型质量明显提高。当水平方向尖角角度$\alpha=20°$，绝对误差趋于定值，约为0.50。

第6章
典型火炮装备零部件应急制造件降级度评估及优化

6.1 引 言

战场应急抢修是部队战斗力的倍增器,有效的战场应急抢修可以弥补装备的战场损耗,使部队的战斗力得到持续。其目标是在最短的时间恢复要求的工作状态,不仅对力学性能提出了要求,时间因素也显得尤为重要。第4章中的正交试验结果表明,打印件的力学性能普遍优于常规件,针对战场抢修特点,可以考虑适当降低性能的情况下,减少加工时间。本章针对备件应急制造特点,引入时间因素,以打印时间、力学性能和宏观质量3个指标为对象,应用层次分析法和主成分分析法综合评估了激光立体成型技术在备件应急制造上的降级度;进而建立了3D打印降级度模型,并结合磨损实验对模型进行了验算。

6.2 应急制造降级度概念及模型

现代战争不仅是战斗力的对抗,同时也是装备保障能力的对抗。装备保障需要数量较大的储备件,有些武器备件过多造成浪费的同时,有些备件却因准备不足而影响战斗力。在装备保障上花费很多却仍无法达到满意的保障效果。随着3D打印技术的飞速发展,3D

打印技术因其生产周期短、材料无浪费、可制造复杂构件等优点，在越来越多领域实现了应用，在武器装备保障领域有良好的应用前景。一是用于战时装备备件的快速制造。在战时，维修备件依赖多级供应渠道保障，少部分关键备件随身携带，大部分要依靠战场后方的供应基地。对于所携带的少部分备件，种类数量制约严重，不能适应战场的消耗需求；对于大部分后方供应的备件，不能在短时间提供保障，难以应对瞬息万变的战场形势。3D 打印技术就弥补了这些不足，只需在备件数据库中调出所需备件，就能快速制造成品，在短时间内快速恢复战斗能力。

如美国陆军已加入扩展 3D 打印行动，2012 年 8 月和 2013 年 1 月，美国先后向阿富汗战区部署了两个移动远征实验室，配有实验室设备、3D 打印机设备、激光切割机、等离子切割器和其他制造工具，可以将钢铁和铝等直接打印成为战场所需备件。二是用于单件、小批量备件的生产。武器原型机以及舰船装备中有很多专用备件由于需求量小，无法进行批量生产，只能采用零散生产方式进行制造，成本高、周期长，而且在试验过程中如果出现错误，很有可能会造成很大的损失，无法对其进行下一步的利用。某些贵重金属如钛合金应用在航空航天领域，选用传统的制造技术会浪费很多材料，对于这些贵重金属的利用率仅 30% 多，浪费严重，而 3D 打印技术的成本与批量生产无关，且对材料的利用率很高，对于少量需求的武器装备和贵重装备的保障具有重要意义。

6.3 典型火炮装备零部件的结构、性能及失效机理

炮闩系统内磨损失效的零部件包括曲臂滑轮、关闭杠杆滑轮和拨动子等，该类零部件在传递运动的过程中主要依靠其轮廓表面。由于炮闩系统内的零部件之间缺乏有效润滑，且工况条件较差，其轮廓表面在承受高载荷、高速率和高强度干摩擦的过程中极易出现磨损现象。零部件的磨损是一个逐渐累积的过程，且随磨损程度的增加零部件的可靠性呈逐渐降低的趋势。当炮闩系统内零

第6章 典型火炮装备零部件应急制造件降级度评估及优化

部件的磨损程度超过极限值时,该零部件将突然失效,并导致零部件之间的运动无法正常传递,火炮装备将立即丧失作战能力。炮闩系统内主要磨损失效零部件的失效原因、功能、故障现象和纠正措施。

图 6-1 为炮闩系统内拨动子结构示意图。由图 6-1 可知,拨动子主要存在平面、曲面、圆柱和方孔等结构。拨动子主要采用 45CrNiMoVA 等材料加工而成。

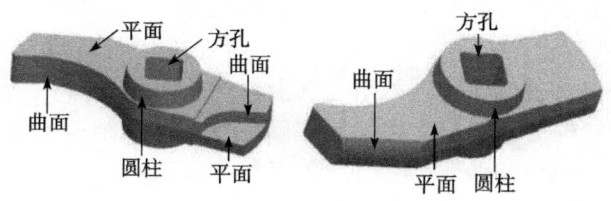

图 6-1 拨动子结构示意图

拨动子为炮闩系统内击发机构的组成部件,图 6-2 为拨动子工作原理示意图。由图 6-2 可知,拨动子主要与拨动子驻栓进行配合,在开闩过程中完成拨回击针的动作,在击发过程中则完成释放击针的动作。击发机构中的拨动子杠杆和复拨器拨动子安装于炮尾位置,拨动子和拨动子驻栓等部件安装于闩体位置。在进行开闩动作时,闩体向下运动过程中带动闩体机构下降,拨动子轴支臂和复拨器拨动子支臂的外轮廓表面接触并发生相对运动,从而使得拨动子发生转动。拨动子在转动的过程中可使击针体形成向后的运动,并对击针簧产生压缩作用,从而进行击发能量的存储。在拨动子转动的过

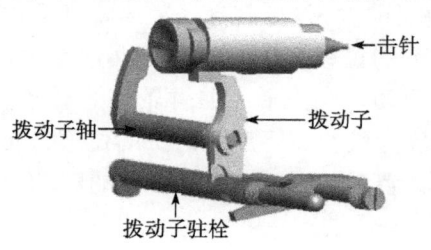

图 6-2 拨动子工作原理示意图

程中，推杆簧使拨动子驻栓逐渐发生向左的位移，当拨动子驻栓的深槽位置卡住拨动子的缺口位置时，可将击针固定于待击发位置。当拨动子驻栓发生向右的位移时，拨动子对拨动子驻栓的限制作用解除，从而释放击针完成击发动作。

击发机构在拨回击针和打击底火的过程中，拨动子缺口位置和拨动子驻栓深槽位置的外轮廓表面均会产生相互作用。经过多次循环往复作用后，拨动子缺口和拨动子驻栓深槽位置均出现一定量的磨损。当上述接触位置的磨损程度超过极限值时，可出现自动击发等故障。

图 6-3 为炮闩系统内关闭杠杆滑轮的结构示意图。由图 6-3 可知，关闭杠杆滑轮主要存在平面、圆柱和圆孔等结构。关闭杠杆滑轮主要采用 45CrNiMoVA 或 15Cr 等材料加工而成。

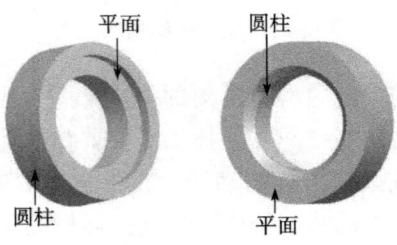

图 6-3　关闭杠杆滑轮结构示意图

关闭杠杆滑轮为炮闩系统内关闭机构的组成部件，图 6-4 为关闭杠杆滑轮工作原理示意图。由图 6-4 可知，关闭杠杆滑轮主要与滑轮轴和支筒进行配合，从而完成运动的传递。在开闩过程中，曲臂轴的转动带动关闭杠杆发生转动，关闭杠杆通过套于滑轮轴的滑轮使支筒产生向下的位移，支筒向下运动过程中可压缩关闭弹簧，存储能量。当开闩动作完成后，曲臂轴停止转动。在关闩过程中，关闭弹簧通过释放能量使支筒产生向上的位移，支筒的运动可使关闭杠杆发生逆时针转动。同时，关闭杠杆的转动使曲臂轴产生相同角度的转动，直到关闩动作结束。

第6章 典型火炮装备零部件应急制造件降级度评估及优化

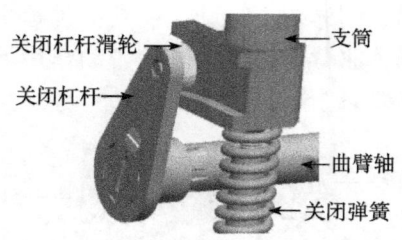

图 6-4 关闭杠杆滑轮工作原理示意图

关闭机构在开闩和关闩的过程中，关闭杠杆滑轮通过传递运动，从而降低部件之间的摩擦作用。关闭杠杆滑轮的外轮廓与支筒滑槽以及关闭杠杆滑轮的内轮廓与滑轮轴之间均会产生相互作用，且接触面缺乏良好的润滑。同时，开闩过程和关闩过程的时间极短，关闭杠杆滑轮需承受瞬时高载荷作用。经多次循环往复作用后，关闭杠杆滑轮的内轮廓和外轮廓均出现不同程度的磨损。当上述接触位置的磨损程度超过极限值时，关闭杠杆滑轮将无法恢复到正常位置，从而可出现闩体下垂和不能击发等故障。

图 6-5 为炮闩系统内曲臂滑轮的结构示意图。由图 6-5 可知，曲臂滑轮和关闭杠杆滑轮的结构基本相同，主要存在平面、圆柱和圆孔等结构。曲臂滑轮主要采用 30CrMnSiA 等材料加工而成。

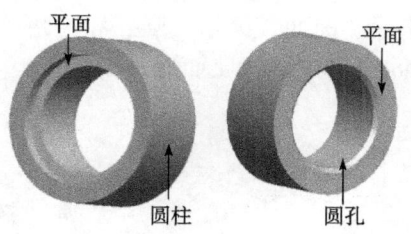

图 6-5 曲臂滑轮结构示意图

曲臂滑轮为开关闩机构的组成部件，图 6-6 为曲臂滑轮工作原理示意图。由图 6-6 可知，曲臂滑轮主要与曲臂滑轮轴和闩体滑轮槽进行配合，从而完成运动的传递。在开闩过程中，闩柄的转动带动曲臂和曲臂轴发生转动，曲臂滑轮由闩体圆弧槽运动至横槽末端，击针被拨动子拨回,闩体向下运动。在关闩过程中,曲臂轴的转动带动曲臂发生转动,曲臂滑轮在曲臂的带动作用下由闩体横槽运动至闩体圆弧槽,闩体向上运动至闩体挡板。

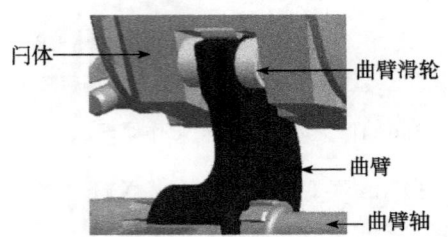

图 6-6　曲臂滑轮工作原理示意图

开关闩机构在开闩和关闩的过程中,曲臂滑轮通过传递运动,从而降低部件之间的摩擦作用。曲臂滑轮的外轮廓与闩体滑轮槽、曲臂滑轮的内轮廓与曲臂滑轮轴之间均会产生相互作用,且接触面之间缺乏良好的润滑作用。同时,开关闩动作的循环往复可导致曲臂滑轮的内轮廓和外轮廓均出现不同程度的磨损。当磨损程度超过极限值后,闩体可出现纵向偏移、下垂量增大等问题,从而导致击针无法击打底火,出现不能击发故障。

图 6-7 为炮闩系统内闩体挡杆结构示意图。由图 6-7 可知,闩体挡杆主要存在平面、曲面、圆柱、圆孔和尖角等结构。闩体挡杆主要采用 45CrNiMoVA 等材料加工而成。

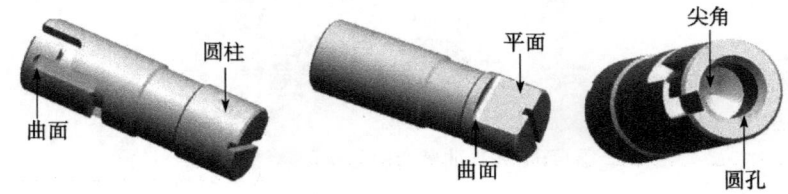

图 6-7　闩体挡杆结构示意图

闩体挡杆主要用于限制闩体的运动位置,图 6-8 为闩体挡杆工作原理示意图。闩体挡杆室主要由闩体挡杆、支筒和弹簧等部件构成,其中闩体挡杆和弹簧位于闩体挡杆室左侧区域,支筒位于闩体

第6章 典型火炮装备零部件应急制造件降级度评估及优化

挡杆室的右侧区域，闩体挡杆的顶端存在三条连通的沟槽，可将其限制在不同位置处。在关闩过程中，闩体挡杆下方的小平面作用于闩体的挡杆卡槽区域，从而限制闩体继续向上运动。

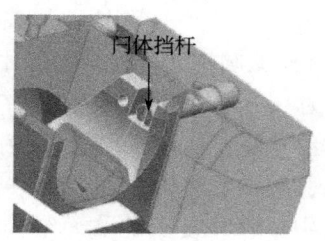

图 6-8　闩体挡杆工作原理示意图

在关闩过程中，关闭弹簧释放能量后使闩体具有较高的冲量，闩体在向上运动的过程中受到闩体挡杆的限制作用而停止。由于闩体的冲量高，闩体挡杆受到的冲击载荷大，且闩体挡杆的工况条件较差，闩体挡杆的受力位置处易萌生裂纹。经过循环往复作用，裂纹逐渐扩展并最终导致闩体挡杆失效。相关研究表明，闩体挡杆下平面的圆弧倒角位置为易折断区域，即闩体和炮尾切割闩体挡杆的区域。当闩体挡杆折断失效后，开关闩动作不能正常进行，出现不能发火故障。

炮闩系统内折断失效的零部件包括闩体挡杆、击针尖和保险器杠杆轴等，该类零部件的失效是一个损伤累积的过程，其失效过程分为裂纹源萌生、裂纹扩展和瞬间断裂 3 个阶段。零部件在交变载荷作用下部分区域可发生结构变化，当交变载荷作用次数超过一定范围之后裂纹源萌生。随交变载荷作用次数的增加裂纹源逐渐扩展，零部件可承受的强度极限逐渐降低。当零部件承受高于强度极限的载荷时，该零部件将会突然失效，并可导致零部件之间的运动无法正常传递，火炮装备立即丧失作战能力。炮闩系统内主要折断失效零部件的失效原因、功能、故障现象和纠正措施等。

SLM 成型典型火炮备件前，需根据火炮备件的 SLM 成型降级度判定方法判定备件的成型降级度。

（1）闩体挡杆。闩体挡杆主要存在平面、曲面、圆柱、圆孔和尖角结构，其长度最大值为 90mm，圆柱直径最大值为 30mm、最小值为 28mm，圆孔直径最大值为 20mm、最小值为 16mm，尖角角度为 60°。根据 Dimetal-SLM 成型设备参数可知，成型设备的成型尺寸满足闩体挡杆的外形尺寸要求。由 SLM 成型典型特征结构的成型质量研究结果可知，SLM 成型圆柱结构的最小尺寸为 0.1mm、SLM 成型圆孔结构的最小尺寸为 0.3mm、SLM 成型尖角结构的最小角度为 6°，闩体挡杆的特征结构尺寸及尖角角度均高于 SLM 成型特征结构的极限尺寸及角度。同时，闩体挡杆的主要工作表面为相对规整的平面和曲面，其工作表面中不存在复杂的曲面结构等，故闩体挡杆成型后的后处理相对简单，且后处理对其使用性能影响较小。

闩体挡杆采用 860℃ 淬火/油冷 + 460℃ 回火 2h/油冷处理的 45CrNiMoVA 钢，该材料的磨损率为 $1.84 \times 10^{-10} kg \cdot N^{-1} \cdot m^{-1}$、冲击韧性为 $38.0 J/cm^2$、抗拉强度为 1404.0MPa、断后伸长率为 14.2%、显微硬度为 542.8HV。SLM 成型 4Cr5MoSiV1 钢经成型角度、激光重熔和 450℃ 中温回火处理优化后，其磨损率为 $0.460 \times 10^{-10} kg \cdot N^{-1} \cdot m^{-1}$、冲击韧性为 $41.2 J/cm^2$、抗拉强度为 1504.2MPa、断后伸长率为 14.3%、显微硬度为 631.6HV。由力学性能测试结果可知，SLM 成型 4Cr5MoSiV1 钢的主要力学性能均满足闩体挡杆原材料的力学性能。同时，与闩体挡杆产生相互作用的零部件主要为闩体和炮尾，闩体和炮尾主要采用 PCrNiMoA 钢，采用 4Cr5MoSiV1 钢成型的闩体挡杆对炮闩和炮尾的使用基本无影响。综合 SLM 成型闩体挡杆的结构因素、材料因素和应用因素，可判定该备件满足 SLM 成型降级度要求。

（2）拨动子。拨动子主要存在平面、曲面、圆柱和方孔等结构，其长度最大值为 70mm，圆柱直径最大值为 21.4mm、最小值为 20mm，方孔边长最大值为 10mm。根据 Dimetal-SLM 成型设备参数以及 SLM 成型典型特征结构的成型质量研究结果可知，设备的成型尺寸满足拨动子的外形尺寸要求，且拨动子的特征结构尺寸均高于 SLM 成型特征结构的极限尺寸。同时，拨动子的主要工作表面为相对规整的平面，其工作表面中不存在复杂的曲面结构等，故拨动子成型后的后处理相对简单，且后处理对其使用性能影响较小。

第6章 典型火炮装备零部件应急制造件降级度评估及优化

拨动子采用局部淬火处理的 45CrNiMoVA 钢，该材料的磨损率为 1.27×10^{-10}kg·N^{-1}·m^{-1}、冲击韧性为 38.0J/cm^2、抗拉强度为 1404.0MPa、断后伸长率为 14.2%、显微硬度为 630.2HV。由力学性能测试结果可知，经优化后 SLM 成型 4Cr5MoSiV1 钢的主要力学性能均满足拨动子原材料的力学性能。同时，与拨动子产生相互作用的零部件主要为拨动子驻栓，拨动子驻栓的原材料也为 45CrNiMoVA 钢，故采用 4Cr5MoSiV1 钢成型的拨动子对拨动子驻栓的使用基本无影响。综合 SLM 成型拨动子的结构因素、材料因素和应用因素，可判定该备件满足 SLM 成型降级度要求。

（3）关闭杠杆滑轮。关闭杠杆滑轮主要有平面、曲面、圆柱和圆孔等结构，其高度最大值为 9mm，圆柱直径最大值为 30mm，圆孔直径最大值为 25mm，最小值为 18mm。根据 Dimetal-SLM 成型设备参数以及 SLM 成型典型特征结构的成型质量研究结果可知，设备的成型尺寸满足关闭杠杆滑轮的外形尺寸要求，且关闭杠杆滑轮的特征结构尺寸均高于 SLM 成型特征结构的极限尺寸。同时，关闭杠杆滑轮的主要工作表面为相对规整的平面，其工作表面中不存在复杂的曲面结构等，故关闭杠杆滑轮成型后的后处理相对简单，且后处理对其使用性能影响较小。

关闭杠杆滑轮采用局部淬火处理的 45CrNiMoVA 钢，由力学性能测试结果可知，SLM 成型 4Cr5MoSiV1 钢的主要力学性能均满足关闭杠杆滑轮原材料的力学性能。同时，与关闭杠杆滑轮产生相互作用的零部件主要为关闭杠杆和支筒，关闭杠杆的原材料为 25CrNi4A 钢、支筒的原材料为 PCrNiMoA 钢或 45CrNiMoVA 钢，采用 4Cr5MoSiV1 钢成型的关闭杠杆滑轮对关闭杠杆和支筒的使用基本无影响。综合 SLM 成型关闭杠杆滑轮的结构因素、材料因素和应用因素，可判定该备件满足 SLM 成型降级度要求。

（4）曲臂滑轮。曲臂滑轮主要存在平面、曲面、圆柱和圆孔等结构，其高度最大值为 18mm，圆柱直径最大值为 38mm，圆孔直径最大值为 30mm、最小值为 25mm。根据 Dimetal-SLM 成型设备参数以及 SLM 成型典型特征结构的成型质量研究结果可知，设备的成型尺寸满足曲臂滑轮的外形尺寸要求，且曲臂滑轮的特征结构尺寸均高于 SLM 成型特征结构的极限尺寸。同时，曲臂滑轮的主要工作表面为相对规整的平面，其工作表面中不存在复杂的曲面结构等，故曲臂滑轮成型后的后处理相对简单，且后处理对其使用性能影响较小。曲臂滑轮采用 880℃淬火/油冷+220℃回火/2h/油冷的 30CrMnSiA 钢，该材料的磨损率为 $1.70\times10^{-10} kg \cdot N^{-1} \cdot m^{-1}$、冲击韧性为 $37.0 J/cm^2$、抗拉强度为 1229.0MPa、断后伸长率为 9.0%、显微硬度为 515.5HV。经成型角度和激光重熔优化后，SLM 成型 4Cr5MoSiV1 钢的磨损率为 $0.354\times10^{-10} kg \cdot N^{-1} \cdot m^{-1}$、冲击韧性为 $39.1 J/cm^2$、抗拉强度为 1543.8MPa、断后伸长率为 13.6%、显微硬度为 650.4HV。由力学性能测试结果可知，SLM 成型 4Cr5MoSiV1 钢的主要力学性能均满足曲臂滑轮原材料的力学性能。同时，与曲臂滑轮产生相互作用的零部件主要为曲臂和闩体，曲臂的原材料为 PCrNiMoA 钢或 35CrMoA 钢、闩体的原材料为 PCrNiMoA 钢，采用 4Cr5MoSiV1 钢成型的曲臂滑轮对曲臂和闩体的使用基本无影响。综合 SLM 成型曲臂滑轮的结构因素、材料因素和应用因素，可判定该备件满足 SLM 成型降级度要求。

火炮零部件工作表面直接承受力的作用，易产生磨损以及微裂纹缺陷，进而可导致零部件的失效。根据相关调查结果可知，闩体挡杆、拨动子、关闭杠杆滑轮和曲臂滑轮等零部件的失效位置均为其主要工作表面区域。SLM 成型 4Cr5MoSiV1 钢的组织与力学性能优化以及典型特征结构的 SLM 成型质量与优化研究结果表明，合理的成型角度与方向能够有效提高成型件的力学性能、尺寸精度、形状精度和表面质量。在 SLM 成型火炮备件时，采用不同的成型角度和方向可造成火炮备件各表面质量存在明显差异。因此，优化 SLM 成型火炮备件的成型角度和方向可提高火炮备件工作表面质量，从而进一步提高火炮备件的使用性能。在设计火炮备件成型角度与方向过程中，提出以下主要设计原则。

（1）通过合理设计 SLM 成型火炮备件的成型角度与方向，减少主要工作表面的支撑结构数量，并确保其主要工作表面的力学性能和表面粗糙度为最优值。

(2) 在保证火炮备件主要工作表面力学性能的前提下，提高特征结构的形状精度和尺寸精度，如圆（方）孔和圆（方）柱等结构，从而减少后处理时间，进一步提高 SLM 成型火炮备件的直接装配与使用性能。

(3) 合理调整 SLM 成型火炮备件的成型角度和方向，降低低于临界倾斜角的悬垂平面和悬垂曲面数量，从而减少支撑结构数量。同时，尽量保证 Z 轴方向的成型高度为最低值，减少火炮备件的切片数量，从而降低 SLM 成型时间。

拨动子为磨损失效零部件，其主要工作表面为与拨动子驻栓深槽处接触的缺口位置。同时，拨动子与拨动子轴进行装配使用，装配位置为其方孔结构区域。由 SLM 成型 4Cr5MoSiV1 钢的力学性能优化研究结果可知，耐磨性随成型高度的增加呈逐渐升高的趋势，且当成型角度为 45°时各项力学性能均为最高值。由典型特征结构的 SLM 成型质量与优化研究结果可知，水平方向成型的方孔结构尺寸精度和形状精度最高。在保证拨动子主要工作表面的力学性能以及方孔结构的尺寸精度和形状精度的基础上，再综合分析成型角度与方向对 Z 轴成型高度和支撑结构数量的影响。当拨动子缺口位置与基板平面平行时，Z 轴成型高度最低，且支撑结构作用区域为非工作表面，支撑结构去除后对拨动子使用性能无直接影响。综合考虑上述因素，将拨动子水平放置，缺口位置与基板平面平行，方孔结构对称轴与基板平面 X 轴的夹角为 45°，如图 6-9 所示。

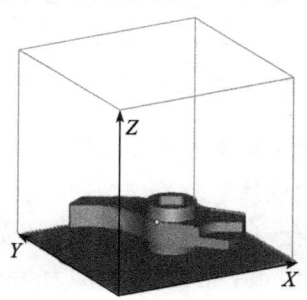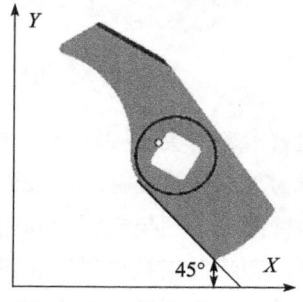

图 6-9 拨动子的成型角度与方向

关闭杠杆滑轮为磨损失效零部件,其主要工作表面为与滑轮轴接触的内表面以及与支筒滑槽接触的外表面。同时,关闭杠杆滑轮分别与滑轮轴和支筒进行装配使用,装配位置分别为其圆孔结构和圆柱结构区域。由 SLM 成型 4Cr5MoSiV1 钢的力学性能优化研究结果可知,耐磨性随成型高度的增加呈逐渐升高的趋势,且当成型角度为 45°时各项力学性能均为最高值。由典型特征结构的 SLM 成型质量与优化研究结果可知,水平方向成型的圆孔和竖直方向成型的圆柱结构尺寸精度和形状精度最高,且表面粗糙度最低。当关闭杠杆滑轮水平放置时,Z 轴成型高度最低。将滑轮的 A 面作为底面可减少支撑结构数量,且支撑结构作用区域为非工作表面,支撑结构去除后对关闭杠杆滑轮的使用性能无直接影响。综合考虑上述因素,将关闭杠杆滑轮水平放置,其 A 面为底面,且与基板平面平行。由于关闭杠杆滑轮为轴对称结构,扫描策略为 S 形正交,故关闭杠杆滑轮与基板平面 X 轴的夹角对成型过程无影响。关闭杠杆滑轮的成型角度与方向如图 6-10 所示。

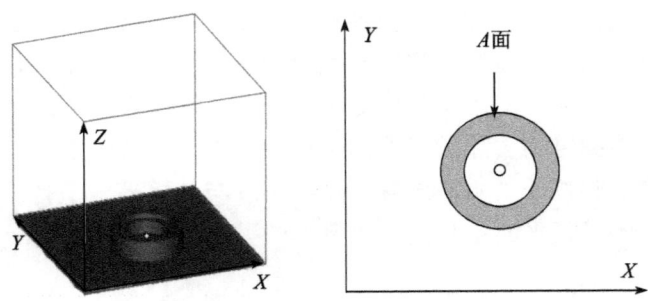

图 6-10 关闭杠杆滑轮的成型角度与方向

曲臂滑轮与关闭杠杆滑轮类似,均为磨损失效零部件,其主要工作表面为与曲臂轴接触的内表面以及与闩体滑轮槽接触的外表面。同时,曲臂滑轮分别与曲臂轴和闩体进行装配使用,装配位置分别为其圆孔结构和圆柱结构区域。由 SLM 成型 4Cr5MoSiV1 钢的力学性能优化研究结果和典型特征结构的 SLM 成型质量与优化研究结果可知,水平方向成型的圆孔结构和竖直方向成型的圆柱结构尺寸精度与形状精度最高，表面粗糙度最低，Z 轴成型高度最低。将滑轮的 A 面作为底面可减少支撑结构数量，且支撑结构作用区域为非工作表面，支撑结构去除后对曲臂滑轮的使用性能无直接影响。综合考虑上述因素，将曲臂滑轮水平放置，其 A 面为底面，且与基板平面平行。由于曲臂滑轮为轴对称结构，扫描策略为 S 形正交，故曲臂滑轮与基板平面 X 轴的夹角对成型过程无影响。曲臂滑轮的成型角度与方向如图 6-11 所示。

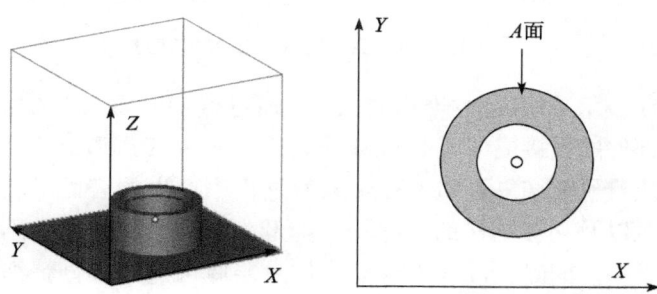

图 6-11　关闭杠杆滑轮的成型角度与方向

闩体挡杆为冲击折断失效零部件，其主要工作表面为闩体挡杆下方的小平面位置。同时，闩体挡杆与闩体进行装配使用，装配位置为其圆柱结构区域。由 SLM 成型 4Cr5MoSiV1 钢的组织与力学性能优化研究结果可知，冲击韧性随成型高度的增加呈逐渐升高的趋势，且当成型角度为 45°时各项力学性能均为最高值。由典型特征结构的 SLM 成型质量与优化研究结果可知，竖直方向成型的圆柱结构尺寸精度和形状精度最高。在保证闩体挡杆主要工作表面的力学性能以及圆柱结构的尺寸精度和形状精度的基础上，再综合分析成型角度与方向对 Z 轴成型高度和支撑结构数量的影响。将闩体挡杆竖直放置时，支撑结构数量较少，且支撑作用区域为非工作表面，支撑结构去除后对闩体挡杆的使用性能无直接影响。综合考虑上述因素，将闩体挡杆竖直放置，与基板平面 X 轴的夹角为 45°，如图 6-12 所示。

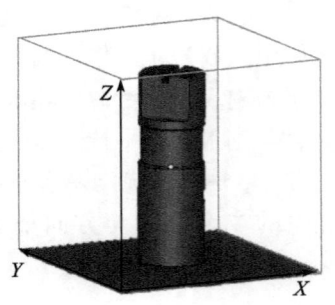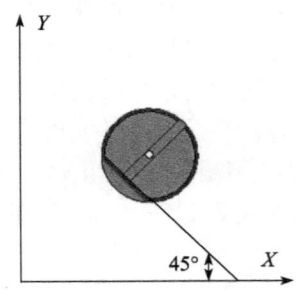

图 6-12 闩体挡杆的成型角度与方向

SLM 技术采用离散/堆积的原理,通过点-线-面-体的加工过程完成零部件的直接成型。由 SLM 成型原理和 SLM 成型典型特征结构的成型质量研究结果可知,SLM 成型过程中产生的表面黏粉、锯齿状夹粉区以及支撑结构的去除均可降低表面质量,并产生不同程度的尺寸误差。同时,设计不合理的切片层厚可造成部分精细结构产生尺寸误差。SLM 成型火炮备件产生的尺寸误差影响其装配及使用情况,使用前一般需对主要结构进行机加工。因此,根据 SLM 成型机理和 SLM 成型典型特征结构的成型质量研究结果,合理设计火炮备件主要结构的加工余量可有效提高尺寸精度,从而减少后处理时间。

由 SLM 成型典型特征结构的成型质量研究结果可知,采用 S 形正交+后轮廓扫描策略可有效避免表面黏粉现象和台阶效应、减少夹粉区数量、提高表面质量和力学性能。因此,采用 S 形正交+后轮廓扫描策略成型火炮备件。采用该扫描策略成型大尺寸圆孔、方孔、圆柱和方柱结构的尺寸误差分别约为 0.17mm、0.15mm、0.12mm 和 0.13mm。SLM 产生的尺寸误差主要对装配过程存在一定影响,尤其对过盈配合影响较大。因此,针对 SLM 成型过程中产生的尺寸误差,合理设计各火炮备件的加工余量。

拨动子的方孔结构与拨动子轴的方柱结构进行配合使用,方孔边长的设计值为 10mm。根据 SLM 成型方孔结构的尺寸精度研究结果可知,采用 S 形正交+后轮廓扫描策略成型水平方向方孔结构的尺

第6章 典型火炮装备零部件应急制造件降级度评估及优化

寸误差约为 0.15mm，因此将拨动子的方孔边长设计为 4.85mm。同时，拨动子在 Z 轴方向上的尺寸为切片层厚的整数倍，且无细小特征结构，无需设计其他加工余量。

关闭杠杆滑轮的圆孔结构与滑轮轴的圆柱结构进行配合使用，其圆柱结构与闩体滑轮槽进行配合使用，圆孔直径的设计值为 18mm、圆柱直径的设计值为 30mm。根据 SLM 成型圆孔结构和圆柱结构的尺寸精度研究结果可知，采用 S 形正交+后轮廓扫描策略成型水平方向圆孔和竖直方向圆柱结构的尺寸误差分别约为 0.17mm 和 0.12mm。因此，将关闭杠杆滑轮的圆孔直径设计为 17.83mm，圆柱直径设计为 29.88mm。同时，关闭杠杆滑轮在 Z 轴方向上的尺寸为切片层厚的整数倍，且无细小间隙结构，无需设计其他加工余量。

曲臂滑轮的圆孔结构与曲臂滑轮轴的圆柱结构进行配合使用，其圆柱结构与支筒滑槽进行配合使用，圆孔直径的设计值为 25mm、圆柱直径的设计值为 38mm。根据 SLM 成型圆孔结构和圆柱结构的尺寸精度研究结果可知，采用 S 形正交+后轮廓扫描策略成型水平方向圆孔和竖直方向圆柱结构的尺寸误差分别约为 0.17mm 和 0.12mm。因此，将关闭杠杆滑轮的圆孔直径设计为 24.83mm，圆柱直径设计为 37.88mm。同时，曲臂滑轮在 Z 轴方向上的尺寸为切片层厚的整数倍，且无细小特征结构，无需设计其他加工余量。

闩体挡杆闩体挡杆的圆柱结构与闩体的圆孔结构进行配合使用，圆柱直径的设计值分别为 28mm 和 30mm。根据 SLM 成型圆柱结构的尺寸精度研究结果可知，采用 S 形正交+后轮廓扫描策略成型竖直方向圆柱结构的尺寸误差约为 0.12mm。因此，将闩体挡杆的圆柱直径分别设计为 27.88mm 和 29.88mm。同时，闩体挡杆在 Z 轴方向上的尺寸为切片层厚的整数倍，且无细小特征结构，无需设计其他加工余量。

SLM 的支撑结构具有减少机加工流程、减小尺寸误差、避免翘曲变形和提供支撑等作用，其中块状支撑结构可以添加在悬垂面表面积较大的零部件，该支撑结构连接强度和抗拉强度较高，应用较为广泛。根据 SLM 成型 4Cr5MoSiV1 钢的支撑结构研究结果，确定支撑结构参数：支撑最小高度为3mm；齿顶宽为0.3mm；齿根宽为1.5mm；齿间隔为0.2mm；齿高为1.5mm；X/Y间距为1.0mm；切割间距为0.8mm；Z轴补偿量为25μm。

根据经加工余量优化后的三维模型以及成型角度与方向设计结果，采用Magics软件进行支撑结构设计，火炮备件的支撑结构设计如图6-13所示。

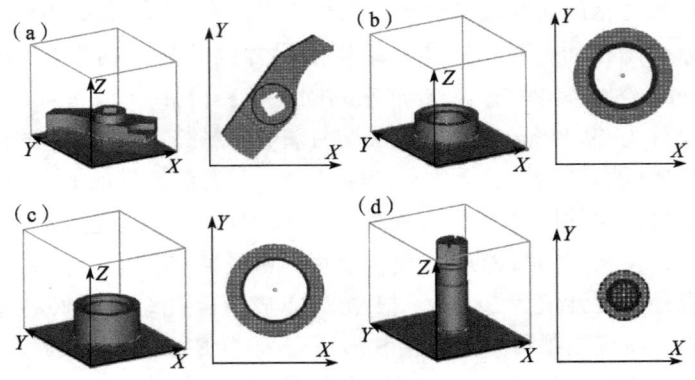

图6-13 火炮备件支撑结构设计示意图
(a) 拨动子；(b) 关闭杠杆滑轮；(c) 曲臂滑轮；(d) 闩体挡杆。

采用Magics软件对典型火炮备件的实体和相应的支撑结构进行切片处理，火炮备件实体和支撑结构的切片均采用标准平滑处理；切片格式为CLI格式；切片层厚为25μm；切片单位为5μm。再采用RP-path软件导入火炮备件实体和支撑结构的CLI格式文件，设置火炮备件实体的扫描间距为70μm；扫描策略为S形正交+后轮廓扫描。设置支撑结构的扫描间距为70μm；扫描策略为仅轮廓扫描。拨动子实体及其支撑结构经切片和路径规划处理后共包括639层切片数据；曲臂滑轮实体及其支撑结构经切片和路径规划处理后共包括575层切片数据；关闭杠杆滑轮及其支撑结构经切片和路径规划处理后共包括359层切片数据；闩体挡杆实体及其支撑结构经切片和路径规划处理后共包括1727层切片数据。采用RP-path软件对典型火炮备件切片处理及路径规规划效果如图6-14所示。

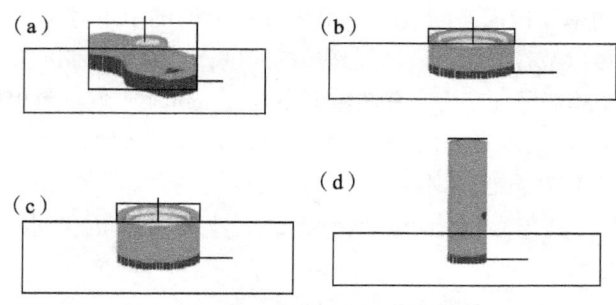

图 6-14 切片处理及路径规划效果

(a) 拨动子；(b) 关闭杠杆滑轮；(c) 曲臂滑轮；(d) 闩体挡杆。

6.4 典型火炮零部件降级度模型权重确定方法

赋权方法一般分为主观赋权法和客观赋权法。主观赋权法是依据专家的经验而赋给参数重视程度的方法，主要包括德乐菲法、相对比较法、层次分析法等。客观赋权法是根据数据而得到其反映的客观差异程度及对其他指标影响程度而进行赋权的方法，主要包括熵值法、变异系数法、主成分分析法等。

层次分析法（AHP）是由美国运筹学家匹兹堡大学教授提出的。AHP 是一种定性定量相结合的多属性决策分析方法，特点是将决策者的经验判断给予量化，在目标（因素）结构复杂且缺乏数据情况下更为实用。层次分析法通过建立两两比较判断矩阵，逐步分层地将众多因素和决策者个人因素结合起来，进行逻辑思维，然后用定量形式表示出来。问题总目标和决策方案一般可分为 3 个层次：目标层 G、准则层 C 和方案层 P，通过两两比较的方法最终得到不同的权重。

对综合得分影响程度的大小为送粉速率>激光功率>扫描速度，激光功率与扫描速度极差相差不多，送粉速率是要考虑的最主要因素，最佳工艺参数为 A1B4C3，即激光功率为 400W，扫描速度为 700mm/min，送粉速率为 1.6r/min。在以综合得分为指标的极差分析中,激光功率和扫描速度的综合得分在一个值的上下浮动,选择较小的功率,可以节省能源,适当提高扫描速度,可以更快制成备件,此时的送粉速率趋势呈金字塔型,送粉率在 1.6r/min 附近取值效果比较好。

当 max=n 时,CI=0,此式判断矩阵完全一致性;但是当 max<n 时,判断矩阵就会出现不一致,为此还需要查找所给同阶矩阵的随机指标 RI,其值的大小与矩阵维数大小有关。因素水平趋势如图 6-15 所示。

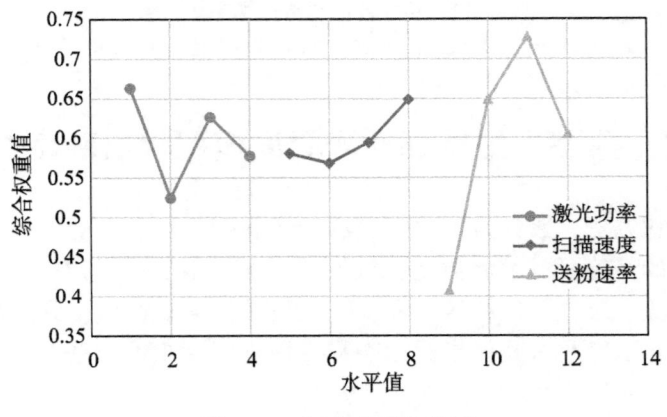

图 6-15 因素水平趋势图

比率 CR 可以用来判断矩阵 A 的一致性能否被接受。认为若 CR<0.1,说明 A 中的各元素的估计一致性太差,应对判断矩阵做适当调整,重新估计。若 CR=0.1,则可认为估计基本一致。

建立拉伸工作状态下的隶属度函数。以常规件最小的工作强度作为参数 b,以 b 强度的 50% 作为参数 a,得到一个半梯形曲线,此时,将 3D 打印件的强度代入公式中,可得到针对强度的 3D 打印件与常规制造件的对比程度。

层次分析法是最常用的主观评估方法,其计算简单明了,虽然能够使得各指标定量化,但其主观性较强,专家的意见对结果的影响较大。如遇到两指标重要性不好决定的时候,常使得计算结果的一致性难以通过,即使修改了相对重要程度,也会一定程度影响最初的判断。

主成分分析法是客观评估方法，此方法能较为宏观的评估多指标的问题，通过线性变换，它是通过把一组相关的变量变为不相关的变量，依据方差的大小依次对新变量排列。

6.5　基于智能算法的应急制造件降级度评估及优化

3D 打印技术发展很迅速，目前已可以打印出房子、汽车、假肢等产品，美国的 Solid Concepts 公司甚至打印了美国的经典装备布朗宁 1911 式手枪，3D 打印已在医疗、车辆、航空航天等领域有了不少应用并取得了很多成果。在理论上，3D 打印技术似乎可以打印任何模型，只要有 3D 数据，就可以将之转化为实物；但 3D 打印技术有其局限性，如打印件倾斜角度过大会在熔池处出现明显流淌现象，同时，装备备件的数量庞大，种类繁多，各个备件有其自身的性能和结构要求，所以有必要对哪些件可以进行 3D 打印进行分析。降级度是指生物体或生物群体对环境适应的量化特征，是分析估计生物所具有的各种特征的适应性，以及在进化过程中继续往后代传递的能力的指标。降级度可用公式 $W=ml$ 表示，m 表示基因型个体生育力，l 表示基因型个体存活率。降级度本来属于生物学的范畴，现将降级度的概念类比到备件应用 3D 打印技术制造的问题上。本书针对备件从打印机加工尺寸、备件形状、性能和打印时间几个方面构建 3D 打印的降级度模型。

3D 打印技术现在已多达几十种，针对不同技术而设计的 3D 打印机更多，对于不同种类、同类而不同型号的打印机，其加工尺寸往往差别很大，现就主流 3D 打印机的 X、Y、Z 轴的加工尺寸进行了调查。满足尺寸进入下一步，不满足直接结束。对于备件，打印时对其形状有限制，金属 3D 打印是一个快速凝固的过程，如果备件的倾斜角度过大，则熔池会出现流淌现象，无法成型，又如弹簧件不能实现打印。故做以下判断：若倾斜角大于 45°，则结束。备件在工作状态下具有不同的载荷和工况，在不同的工作状态下，3D 打印件与常规制造件相比较的方法也不同，以拉伸强度、断裂韧度和磨损量为基准量分别建立强度失效、断裂失效和磨损失效的隶属度函数。

本节选用神经网络遗传算法进行激光立体成型工艺参数的优化。

应用神经网络遗传算法进行极值寻优，需要进行多组实验，选取部分数据对神经网络进行训练，剩余数据进行验证。为使得所选取的数据较为合理，选用正交实验对工艺参数进行设定。正交实验可以用尽可能少的实验来代表全实验，尽可能涵盖全实验信息。选取激光功率、扫描速度、送粉速率 3 个参数为输入，选取耐磨性为输出。工艺参数的设定实验为因素四水平，故选择五因素四水平的交表，对神经网络进行计算，还知道工艺参数下成型件的耐磨性选用 UM 摩擦磨损试验机进行实验，UM 副材料为 CoCr40 球，法向载荷为 5N，滑动时间为 10min，滑移速度为 0rm/s，往复距离为 5mm。该实验为球—面磨损实验，与销盘磨损实验相比，能够更方便地测量磨损体积。

神经网络设置参数以 12 组数据进行训练，由此可知，神经网络拟合的误差很小，控制在 10% 以内，下面对未用的组数据进行验证。可见，预测误差控制在 5% 以内，神经网络的拟合情况较好。

设置遗传算法初始种群规模为 50，最大迭代次数为 100，变异率为 0.1，交叉率为 0.2，神经网络学习速率为 0.2，对神经网络进行极值寻优适应度函数如图 6-16 所示。计算结果：最高性能为 0.8246。对应的工艺参数：激光功率为 505W；扫描速度为 515mm/min；送粉速率为 1.7r/min。

激光立体成型的打印件在最佳工艺下，耐磨性仅能达到原件的 0.82 不能满足原件要求，需对打印件的耐磨性进行改进。对耐磨性的改进主要有两种方式：第一种方式是对整体零件进行热处理，因热处理时间较长，与研究背景不符，不作考虑；第二种方式是在材料中添加元素或增强相，由于添加元素易生成衍生物，影响材料质量，故本书选择添加增强相的方式进行耐磨性的优化。

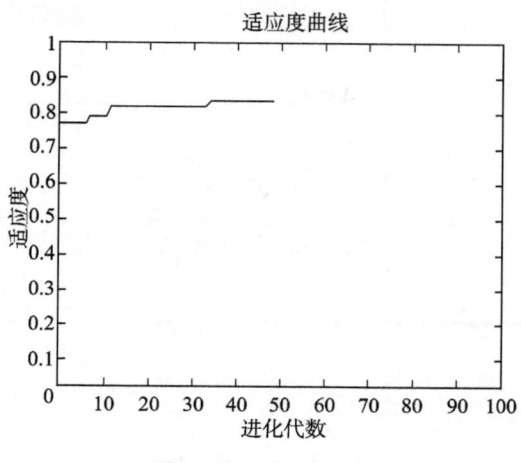

图 6-16 适应度函数

6.6 本章小结

本章针对备件的应急制造特点,考虑时效性,针对打印时间、力学性能和宏观质量3个指标进行了综合评估,并建立了3D打印降级度模型。本章主要研究内容如下:

针对备件应急制造特点,引入时间因素,确定了打印时间、力学性能和宏观质量三个指标为评估对象,应用层次分析法和主成分分析法综合评估了激光立体成型技术在备件应急制造上的降级度。结果表明:对综合得分影响程度的大小为送粉速率>激光功率>扫描速度;最佳工艺参数为A1B4C3,即激光功率为400W、扫描速度为700mm/min、送粉速率为1.6r/min。

结合火炮某系统的失效模式及工作状态,建立了3D打印降级度模型,并结合磨损实验对模型进行了验算,实现了对备件3D打印降级度的定量评估,对评判需抢修备件的3D打印降级度具有一定的理论参考价值。

第 7 章
总结与展望

7.1 总　结

本书从战场备件应急制造的需求出发,以某型火炮炮闩系统为依托,分析了备件的损伤模式,并建立了备件的 3D 打印适合度模型,进而对激光立体技术进行了深入研究,针对磨损和断裂两种失效模式,分别选取 1Cr12Ni3Mo2V 不锈钢和 GH4169 为打印材料,分析了激光立体成型技术成型工艺参数对成型质量的影响,分析了微观组织与性能的影响规律,并对两种材料分别进行了优化。主要内容和结论如下:

(1) 研究了激光功率、送粉速率、扫描速度对采用激光快速成型技术打印成型的零件宏观形状的影响,激光功率主要影响打印温度,扫描速度主要影响加热时间,送粉速率主要影响熔池深度。高度随激光功率的增加而减小,随扫描速度的增加而减少,随送粉速率的增加而变大。宽度基本保持不变,主要受到光斑大小的影响。

(2) 基于神经网络遗传算法寻优方法,得到了沉积态 1Cr12Ni3Mo2V 不锈钢以比磨损量为指标的最优工艺参数。工艺参数:激光功率为 505W;扫描速度为 515mm/min;送粉速率为 1.7r/min。得到了 GH4169 以韧性为指标的最优工艺参数:激光功率为 553W;扫描速度为 684mm/min;送粉速率为 1.7r/min。

（3）TiC 颗粒和 1Cr12N3Mo2V 不锈钢结合情况良好，TiC 主要以两种方式存在：一种是以大颗粒的形式存在，是未完全融化的 TiC 颗粒；另一种是以小颗粒的形式存在，是重新析出的 TiC 硬质相。随着 TiC 颗粒含量增加，硬度增加，主要有两个原因：一是未完全融化的 TiC 颗粒形成第一道防线；二是重新析出的小颗粒对基体起到了较好的支撑作用。随着 TiC 颗粒含量增加，耐磨性先增加后降低，在 TiC 颗粒含量超过 30% 时，耐磨性变差。1Cr12Ni3Mo2V 不锈钢发生的主要是磨粒磨损和粘着磨损，添加 TiC 颗粒的 1Cr12Ni3Mo2V 复合材料主要发生的是黏着磨损和氧化磨损，耐磨性较未添加状态有不同程度的提高。

（4）研究了沉积态 GH4169 试样的微观组织及析出相，并对裂纹的形成机理进行了研究。分析了激光冲击强化前后的 GH4169 合金材料的性能及不同脉冲激光能量处理下的合金材料的冲击韧性，结果表明，激光冲击强化对拉伸强度基本影响较小，对冲击韧性提高较大，能够达到地钢标准。

（5）分析了炮闩系统典型零件拨动子和保险器杠杆轴的工作原理，明确了与接触件的联动情况，进而通过激光立体成型的方式，打印了拨动子和保险器杠杆轴，打印件在炮闩系统上装配状况良好，能够成功地完成开关闩动作；进而对比分析了拨动子打印件与原件的磨损情况，打印件在同样工况、同样条件下比原件的磨损体积更小，其达到磨损体积阈值的开关闩次数更多，即使用寿命更长。保险器杠杆轴进行多次开关闩动作后，该零件的状况良好，无明显变化，可认为 GH4169 打印的保险器杠杆轴能够较好地完成一定的作战任务。

本书创新点总结如下：

（1）结合战场备件快速制造特点，以结构、性能、时间 3 个指标为对象，针对个别指标危险程度易被中和的问题，综合模糊评判法和动态赋权法，建立了炮闩备件的 3D 打印适合度评估模型，实现了对给定备件是否适合打印的快速判定。

（2）针对磨损类损伤的零件，以 1Cr12Ni3Mo2V 不锈钢为基体，以 TiC 陶瓷颗粒为增强相，采用双管同轴送粉的方式直接打印了不同体积分数增强相的复合材料，研究了不同 TiC 含量对材料组织及性能的影响规律，使得优化后的复合材料满足磨损类损伤件的要求。

（3）针对断裂类损伤的零件，对激光立体成型的 GH4169 材料进行了激光冲击强化处理，研究了激光冲击工艺对材料组织及韧性的影响规律，使得激光冲击强化处理后的材料达到断裂类损伤件的要求。

7.2 展　望

本书以某型火炮炮闩系统为研究对象，分析了炮闩零件的主要损伤模式，建立了备件的 3D 打印适合度模型，并针对磨损和断裂两种典型损伤模式，分别研究了 1Cr12N3Mo2V 不锈钢和 GH4169 镍基合金两种打印材料，通过添加增强相及激光冲击强化处理的方式，对材料进行优化并使得打印材料满足炮闩零件要求。但是将激光立体成型技术应用在装备保障上是一项复杂而艰巨的任务，由于作者的时间和精力有限，尚存在许多难点问题需要研究。

（1）激光立体成型材料方面，目前研究较成熟的材料种类较少，且研究的材料主要集中在航空航天方面，该类材料直接应用到装备保障上的可行性不高，应提高打印材料研究的广度和深度。

（2）激光立体成型性能方面，目前直接激光立体成型的材料性能较高于铸件标准，和锻件标准存在一定的差距。要达到装备备件的原件性能，不得不牺牲加工时间，通过改进打印设备或改进加工工艺，提高材料性能，可节省后处理时间。

参考文献

[1] 王辉, 胡增荣, 季苏琴, 等. 野战环境下武器装备的激光增材制造维修保障 [J]. 内燃机与配件, 2018 (1): 169-170.

[2] 罗大成, 刘延飞, 王照峰, 等. 3D打印技术在武器装备维修中的应用研究 [J]. 自动化仪表, 2017, 38 (4): 32-36.

[3] 卢兴华, 韩路阳, 张孝娜. 美军装备维修改革现状与发展 [J]. 国防科技, 2017, 38 (2): 38-41.

[4] 汪文峰, 宋黎. 武器装备备件维修任务预测 [J]. 装备环境工程, 2009, 6 (5): 42-44.

[5] Somrack L, Hagan C. Producing quality metal parts with additive manufacturing [J]. Industrial Heating, 2020, 88 (3): 32-34.

[6] Kamio T, Suzuki M, Asaumi R, et al. DICOM segmentation and STL creation for 3D printing: a process and software package comparison for osseous anatomy [J]. 3D Printing in Medicine, 2020, 6 (1): 941-943.

[7] Motaman S A H, Kies F, Kohnen P, et al. Optimal design for metal additive manufacturing: an integrated computational materials engineering (ICME) approach [J]. JOM, 2020, 72 (3): 1092-1104.

[8] 罗卫, 宋翰林. 装备备件供应保障研究 [J]. 科技视界, 2014 (9): 335-336.

[9] Baby J, Amirthalingam M. Microstructural development during wire arc additive manufacturing of copper-based components [J]. Welding in the World, 2020, 64 (2): 395-405.

[10] 刘勇, 武昌, 孙鹏, 等. 战损条件下装备备件供应保障仿真研究 [J]. 系统仿真学报, 2009, 21 (5): 1470-1473.

[11] 刘喜春, 朱延广, 王维平. 战时多阶段备件供应保障优化 [J]. 计算机工程与应用, 2008 (8): 242-245.

[12] 何志德, 宋建社, 马秀红. 武器装备战时备件保障能力评估 [J]. 计算机工程, 2004 (10): 43-44.

[13] 闫红伟. 战时通用装备备件需求确定方法研究 [D]. 石家庄: 军械工程学院, 2007.

[14] 姚耀, 刘蓓, 刘欢欢. 3D打印技术在军用工程装备维修的探索 [J]. 现代商贸工业, 2020, 41 (25): 141.

[15] 康警予, 陈忠, 刘延杰, 等. 装备保障备件需求预测算法 [J]. 现代防御技术, 2020, 48 (4): 102-109.

[16] 刘铮,庞新磊.3D打印技术在战时车辆装备维修中的应用[J].军事交通学院学报,2020,22(6):34-38.

[17] 李建平,石全,甘茂治.装备战场抢修理论与应用[M].北京:兵器工业出版社,2000.

[18] 刘喜春.不确定需求下航空备件多阶段供应保障规划模型及动态协调机制研究[D].长沙:国防科技大学,2009.

[19] 訾飞跃,李坡,张志雄.3D打印技术与装备快速维修保障[J].兵器材料科学与工程,2018,41(4):106-110.

[20] 刘卫强,周斌,封会娟.基于3D打印技术的车辆装备战场抢修流程研究[J].军事交通学院学报,2019,21(6):29-32.

[21] 张连重,李涤尘,崔滨,等.战场环境3D打印维修保障系统-装备快速保障利器[J].现代军事,2017(4):110-112.

[22] Liu Qinghua, Huang Qingxian, Li Hongli. Equipment BDAR system information modeling [J]. Microcomputer In formation, 2 007 (30): 53-54.

[23] Dhakshyani R. Rapid prototyping models for dysplastic hip surgeries in Malaysia [J]. European Journal of Orthopaedic Surgery and Traumatology, 2012 (22): 41-46.

[24] 王润生,贾希胜.基于损伤树模型的战场损伤评估研究[J].兵工学报,2005(1):73-77.

[25] 董泽委,胡起伟,孙宝琛.战场损伤装备抢修排序模型研究[J].计算机仿真,2011(4):24-27.

[26] 刘飞,杨江平,王东.基于损伤机理的雷达装备战场损伤等级评定[J].现代雷达,2010(8):26-29.

[27] 刘样凯,马建龙,李建平.装备战场损伤模拟研究[J].军械工程学院学报,2004,12(4):28-32.

[28] Juan S C, Gerwin S, Dick P, et al. Additive manufacturing of non-assembly mechanisms [J]. Additive Manufacturing, 2018, 21 (1): 150-158.

[29] Kevin F, Yong K. Simultaneous topology and build orientation optimization for minimization of additive manufacturing cost and time [J]. International Journal for Numerical Methods in Engineering, 2020, 121 (15): 3442-3481.

[30] Nikola V, Milos P, Mihajlo P, et al. An additive manufacturing benchmark artifact and deviation measurement method [J]. Journal of Mechanical Science and Technology, 2020, 34 (7): 3015-3026.

[31] Zhou X, Feng Y H, Zhang J H, et al. Recent advances in additive manufacturing technology for bone tissue engineering scaffolds [J]. The International Journal of Advanced Manufacturing Technology, 2020 (108): 3591-3606.

[32] 刘江伟,国凯,王广春,等.金属基材料激光增材制造材料体系与发展现状[J].

激光杂志, 2020, 41 (3): 6-16.

[33] 鹿旭飞, 马良, 林鑫, 等. 激光立体成型 TC4 钛合金的热-力场演化 [J]. 中国机械工程, 2020, 31 (10): 1246-1252.

[34] Guo P F, Lin X, Ren Y M, et al. Microstructure and electrochemical anodic behavior of Inconel 718 fabricated by high-power laser solid forming [J]. Electrochimica Acta, 2018 (276): 247-260.

[35] Wen X L, Wang Q Z, Mu Q, et al. Laser solid forming additive manufacturing TiB2 reinforced 2024Al composite: Microstructure and mechanical properties [J]. Materials Science & Engineering A, 2019 (745): 319-325.

[36] Zhang X Z, Tang H P, Leary M, et al. Toward manufacturing quality Ti-6Al-4V lattice struts by selective electron beam melting (SEBM) for lattice design [J]. 2018 (70): 1870-1876.

[37] 冉江涛, 赵鸿, 高华兵, 等. 电子束选区熔化成形技术及应用 [J]. 航空制造技术, 2019, 62 (Z1): 46-57.

[38] Koepf J A, Rasch M, Meyer A J, et al. 3D grain growth simulation and experimental verification in laser beam melting of IN718 [J]. Procedia CIRP, 2018 (74): 82-86.

[39] 党晓玲, 王婧. 增材制造技术国内外研究现状与展望 [J]. 航空精密制造技术, 2020, 56 (2): 35-38.

[40] Cunningham C R, Wikshåland S, Xu F, et al. Cost modelling and sensitivity analysis of wire and arc additive manufacturing [J]. Procedia Manufacturing, 2017 (11): 650-657.

[41] Karmuhilan K, Anoop K S. Intelligent process model for bead geometry prediction in WAAM [J]. Materials Today: Proceedings, 2018, 5 (11): 24005-24013.

[42] Yan M, Dominic C, Nicholas H, et al. The effect of location on the microstructure and mechanical properties of titanium aluminides produced by additive layer manufacturing using in-situ alloying and gas tungsten arc welding [J]. Materials Science and Engineering A. 2015 (631): 230-240.

[43] 王锐, 赵芳芳, 万楚豪. 激光选区熔化增材制造技术的研究进展 [J]. 武汉船舶职业技术学院学报, 2019, 18 (1): 111-117.

[44] Georgiy A G, Vladimir A, Evgeny V. et al. Numerical simulation of selective laser melting with local powder shrinkage using FEM with the refined mesh [J]. The European Physical Journal Special Topics, 2020, 229 (2): 205-216.

[45] Xu Y L, Zhang D Y, Hu S T, et al. Mechanical properties tailoring of topology optimized and selective laser melting fabricated Ti6Al4V lattice structure [J]. Journal of the Mechanical Behavior of Biomedical Materials, 2019 (99): 225-239.

[46] 徐巍, 凌芳. 熔融沉积快速成型工艺的精度分析及对策 [J]. 实验室研究与探索, 2009 (6): 36-38, 181.

[47] 伍咏晖. 粒状材料熔融沉积成型系统的开发 [J]. 塑料, 2010 (1): 74-76.
[48] 纪良波, 周天瑞, 潘海鹏. 熔融沉积快速成型软件系统的开发 [J]. 塑性工程学报, 2009 (3): 198-203.
[49] 刘斌, 谢毅. 熔融沉积快速成型系统喷头应用现状分析 [J]. 工程塑料应用, 2008 (12): 70-73.
[50] 邹国林, 郭东明, 贾振元. 熔融沉积制造工艺参数的优化 [J]. 大连理工大学学报, 2002 (4): 66-70.
[51] 王天明, 习俊通, 金烨. 熔融堆积成型中的原型翘曲变形 [J]. 机械工程学报, 2006 (3): 237-242.
[52] 穆存远, 李楠, 宋祥波. 熔融沉积成型台阶正误差及其降低措施 [J]. 制造技术与机床, 2010 (9): 98-100.
[53] 顾永华, 肖棋. 熔融沉积成型聚合物熔体挤出速度控制 [J]. 新技术新工艺, 2003 (6): 24-25.
[54] 桑鹏飞, 刘凯, 王扬威. 熔融沉积成型中的原型翘曲变形分析 [J]. 机械设计与研究, 2015 (3): 126-128, 132.
[55] 杨继全. 光固化快速成型的理论技术及应用研究 [D]. 南京: 南京理工大学, 2002.
[56] 余东满, 朱成俊. 光固化快速成型工艺过程分析及应用 [J]. 机械设计与制造, 2011 (10): 236-237.
[57] 方芳. 光固化快速成型工艺参数的优化研究 [D]. 沈阳: 沈阳工业大学, 2012.
[58] 王广春, 袁圆, 刘东旭. 光固化快速成型技术的应用及其进展 [J]. 航空制造技术, 2011 (6): 26-29.
[59] 路平, 王广春, 赵国群. 光固化快速成型精度的研究及进展 [J]. 机床与液压, 2006 (5): 211-215.
[60] 赵万华, 李涤尘, 卢秉恒. 光固化快速成型中零件变形机理的研究 [J]. 西安交通大学学报, 2001 (7): 47-50, 55.
[61] 洪军, 武殿梁, 李涤尘. 光固化快速成型中零件制作方向的多目标优化问题研究 [J]. 西安交通大学学报, 2001 (5): 68-71.
[62] 武殿梁, 丁玉成, 洪军. 光固化快速成型过程中零件变形的数值模拟 [J]. 西安交通大学学报, 2001 (3): 89-93.
[63] 段玉岗, 王素琴, 唐一平. 光固化快速成型中光敏树醋的光学特性对成型的影响 (英文) [J]. 光子学报, 2002 (2): 123-127.
[64] 张宇红, 曾俊华, 洪军. 大型零件光固化快速成型工艺研究 [J]. 计算机集成制造系统, 2007 (3): 139-143.
[65] 李小飞, 朱东彬, 董俊慧. 激光选区烧结及其在精密制造业中的应用 [J]. 光学精密工程, 2013 (5): 1222-1227.
[66] 顾冬冬. 激光烧结铜基合金的关键工艺及基础研究 [D]. 南京: 南京航空航天大

学,2007.

[67] 白培康,刘斌,程军. 覆膜金属粉末激光烧结成型机理试验研究 [J]. 仪器仪表学报,2003,24(4 增刊):479-481.

[68] 鲁中良,史玉升,刘锦辉,等. 间接选择性激光烧结于选择性激光熔化对比研究 [J]. 铸造技术,2007,28(11):134-146.

[69] 顾东东,沈以赴. 选区激光烧结 WC-10%Co 颗粒增强 Cu 基复合材料的显微组织 [J]. 稀有金属材料与工程,2006,35(2),276-279.

[70] 史玉升,钟庆,陈学彬,等. 选择性激光烧结新型扫描方式的研究及实现 [J]. 机械工程学报,2002,38(2):35-39.

[71] 陈鸿. 基于选择性激光烧结快速成型系统及其关键技术研究 [D]. 北京:北京理工大学,2001.

[72] 黄嵘波. 基于极坐标的选择性激光烧结快速成型系统的研究 [D]. 武汉:武汉大学,2005.

[73] 史玉升,钟庆,陈学彬. 选择性激光烧结新型扫描方式的研究及实现 [J]. 机械工程学报,2002(2):35-39.

[74] 胥橙庭,沈以赴,顾冬冬. 选择性激光烧结成形温度场的研究进展 [J]. 铸造,2004(7):15-19.

[75] 程艳阶,史玉升,蔡道生. 选择性激光烧结复合扫描路径的规划与实现 [J]. 机械科学与技术,2004(9):66-69.

[76] 邓琦林,余承业. 固态粉末选择性激光烧结的后处理 [J]. 电加工,1995(4):2-4.

[77] 王荣吉,王玲玲,赵立华. 选择性激光烧结成型件密度模型研究 [J]. 湖南大学学报(自然科学版),2005(2):97-100.

[78] 傅蔡安,陈佩胡. 选择性激光烧结的翘曲变形与扫描方式的研究 [J]. 铸造,2008(12):14-17.

[79] 徐林,史玉升,闫春泽. 选择性激光烧结铝/尼龙复合粉末材料 [J]. 复合材料学报,2008(3):29-34.

[80] 李湘生,史玉升,黄树槐. 粉末激光烧结中的扫描激光能量大小和分布模型 [J]. 激光技术,2003(2):64-65,70.

[81] 李广慧,王丽萍,于平. SLS 激光快速成型烧结层厚的选取 [J]. 煤矿机械,2003(3):29-31.

[82] 史玉升,鲁中良,等. 选择性激光熔化快速成型技术与设备 [J]. 中国表面工程,2006,19(5):150-153.

[83] 章文献. 选择性激光熔化快速成型关键性技术研究 [D]. 武汉:华中科技大学,2007.

[84] 孙大庆. 金属粉末选区激光熔化实验研究 [D]. 北京:北京工业大学,2007.

[85] 吴伟辉,杨永强. 选区激光熔化快速成型系统的关键技术 [J]. 机械工程学报,

2007, 43 (8): 175-180.

[86] 杨永强, 吴伟辉, 来克娴, 等. 金属零件选区激光熔化直接快速成型工艺及最新进展 [J]. 航空制造技术, 2006 (2): 73-76.

[87] 王迪, 杨永强, 吴伟辉. 光纤激光选区熔化316L不锈钢工艺优化 [J]. 中国激光, 2009 (12): 3233-3238

[88] 陈光霞, 曾晓雁, 王泽敏, 等. 选择性激光熔化快速成型工艺研究 [J]. 机床与液压, 2010, 38 (1): 1-3.

[89] 何兴容. 选区激光熔化快速制造个性化不锈钢股骨植人体研究 [J]. 应用激光, 2009 (29): 294-297.

[90] 王迪. 选区激光熔化成型不锈钢零件特性与工艺研究 [D]. 广州: 华南理工大学, 2011.

[91] 王迪, 杨永强, 黄延禄, 等. 选区激光熔化直接成型零件工艺研究 [J]. 华南理工大学学报 (自然科学版), 2010 (6): 107-111.

[92] 许丽敏, 杨永强, 吴伟辉. 一种新的用于选区激光熔化快速成型扫描路径的生成算法 [J]. 中国激光, 2007, 34: 196-200.

[93] 王迪, 杨永强, 黄延禄, 等. 层间扫描策略对选区激光熔化直接成型金属零件质量的影响 [J]. 激光技术, 2010, 34 (4): 447-451.

[94] 齐海波, 林峰, 颜永年, 等. 316L不锈钢粉末的电子束选区熔化成型 [J]. 清华大学学报 (自然科学版), 2007, 47 (11): 1941-1944.

[95] 黄卫东, 李延民, 冯莉萍, 等. 金属材料激光立体成型技术 [J]. 材料工程, 2002 (3): 40-43.

[96] 黄瑜, 陈静, 张凤英, 等. 热处理对激光立体成型TC11钛合金组织的影响 [J]. 稀有金属材料与工程, 2009 (12): 2146-2150.

[97] 王俊伟, 陈静, 等. 激光立体成型TC17钛合金组织研究 [J]. 中国激光, 2010, 37 (3): 847-850.

[98] 赵卫强, 陈静, 等. 激光立体成型工艺对TC11钛合金组织和力学性能的影响 [J]. 应用激光, 2012, 32 (6): 479-483.

[99] 赵卫卫, 等. 热处理对激光立体成型Inconel 718高温合金组织和力学性能的影响 [J]. 中国激光, 2009, 12 (36): 3220-3225.

[100] 胡孝昀, 沈以赴, 李子全. 金属粉末激光快速成形的工艺及材料成形性 [J]. 材料科学与工艺, 2008 (3): 87-92.

[101] 陈敦军, 向毅斌, 吴诗. 激光成形工艺方法及其发展前景 [J]. 热加工工艺, 2000 (3): 50-51.

[102] 杨林, 钟敏霖, 黄婷. 激光直接制造镍基高温合金零件成形工艺的研究 [J]. 应用激光, 2004 (6): 25-29.

[103] 高勍, 严晓东, 陈静. 激光立体成形Ti-Zr合金腐蚀性能研究 [J]. 实用口腔医学

杂志, 2006 (3): 36-39.

[104] 陈静, 杨海欧, 杨健. 高温合金与钛合金的激光快速成形工艺研究 [J]. 航空材料学报, 2003 (z1): 110-113.

[105] 张霜银, 林鑫, 陈静. 工艺参数对激光快速成形 TC4 钛合金组织及成形质量的影响 [J]. 稀有金属材料与工程, 2007 (10): 150-154.

[106] 王晓波, 高勃, 孙应明. 激光立体成形技术制备纯铁全冠的初步研究 [J]. 实用口腔医学杂志, 2009 (3): 11-14.

[107] 刘建涛, 林鑫, 吕晓卫. Ti-Ti 2AINb 功能梯度材料的激光立体成形研究 [J]. 金属学报, 2008 (8): 112-118.

[108] 张小红, 林鑫, 陈静. 热处理对激光立体成形 TA15 合金组织及力学性能的影响 [J]. 稀有金属材料与工程, 2011 (1): 145-150.

[109] 吴晓瑜, 林鑫, 吕晓卫. 激光立体成形 17-4 PH 不锈钢组织性能研究 [J]. 中国激光, 2011 (2): 109-115.

[110] 张永忠, 席明哲, 石力开. 激光快速成形 316L 不锈钢的组织及性能 [J]. 稀有金属材料与工程, 2002 (2): 24-26.

[111] 杨模聪, 林鑫, 许小静. 激光立体成形 Ti60-Ti 2AINb 梯度材料的组织与相演变 [J]. 金属学报, 2009 (6): 91-98.

[112] 黄瑜, 陈静, 张凤英. 热处理对激光立体成形 TCll 钛合金组织的影响 [J]. 稀有金属材料与工程, 2009 (12): 81-85.

[113] 张方, 陈静, 薛蕾. 激光立体成形 Ti60 合金组织性能 [J]. 稀有金属材料与工程, 2010 (3): 79-83.

[114] 宋建丽, 邓琦林, 胡德金. 激光熔覆成形 316L 不锈钢组织的特征与性能 [J]. 中国激光, 2005 (10): 139-142.

[115] 冯莉萍, 黄卫东, 李延民. 激光金属成形定向凝固显微组织及成分偏析研究 [J]. 金属学报, 2002 (5): 55-60.

[116] 姜国政, 陈静, 林鑫. 激光立体成形 Ti2AINb 基合金组织演化 [J]. 稀有金属材料与工程, 2010 (3): 64-68.

[117] 谭华, 张凤英, 陈静. 混合元素法激光立体成形 Ti-XAl-YV 合金的微观组织演化 [J]. 稀有金属材料与工程, 2011 (8): 60-64.

[118] 谷林, 陈静, 林鑫. 激光快速成形 TC21 钛合金沉积态组织研究 [J]. 稀有金属材料工程, 2007 (4): 51-55.

[119] 杨海欧, 宋梦华, 杨东辉. 激光立体成形 300M 超高强度钢的组织演化 [J]. 应用激光, 2011 (5): 30-36.